もくじと学習の記録

本書に関する最新情報は，当社ホームページにある**本書の「サポート情報」**をご覧ください。（開設していない場合もございます。）

月　日　答え ➡ 別さつ 1 ページ

時間 25分　合かく 80点　とく点　点

1 色紙が45まいあります。(20点/1つ10点)

(1) 9人に同じ数ずつ分けると，1人分は何まいになりますか。

〔　　　　〕

(2) 1人7まいずつ分けると，何人に分けられて，何まいあまりますか。

〔　　　　〕

2 こうじさんは，えん筆を18本持っています。これは弟が持っているえん筆の本数の3倍です。弟はえん筆を何本持っていますか。(10点)

〔　　　　〕

3 1こ54円のクッキーがあります。28こ買うと何円になりますか。(10点)

〔　　　　〕

4 800gのかばんに図かんを入れて重さをはかったら，2kg500gありました。図かんの重さは何kg何gですか。(10点)

〔　　　　〕

5 かなえさんの家から駅までの道のりやきょりは，右の図のとおりです。(20点/1つ10点)

駅
1km60m
490m
850m
かなえさんの家
ポスト

(1) かなえさんの家から，ポストの前を通って駅まで行くときの道のりは何km何mですか。

［　　　　］

(2) かなえさんの家から駅までのきょりと，(1)の道のりとのちがいは何mですか。

［　　　　］

6 家を出て25分間歩き，公園に午前9時10分に着きました。その後，家に帰って時計を見ると午前11時55分でした。(20点/1つ10点)

(1) 家を出発したのは，午前何時何分ですか。

［　　　　］

(2) 外出していた時間は何時間何分ですか。

［　　　　］

7 紙パックの牛にゅうを3.6dL飲むと，残(のこ)りは1.7dLになりました。はじめに入っていた牛にゅうは何dLでしたか。(10点)

［　　　　］

月	日	答え ➡ 別さつ 1 ページ

3年のふく習 ②

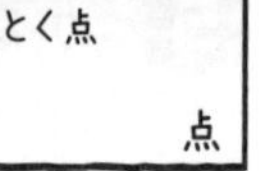

⏰時間 25分
👍合かく 80点

とく点　　点

1 次の □ にあてはまることばを書きなさい。(30点/1つ5点)

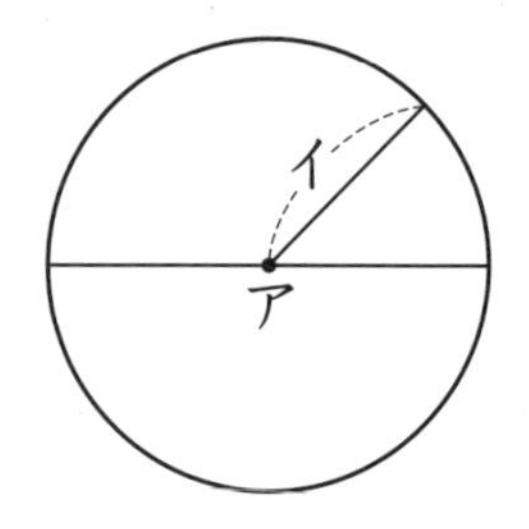

(1) 右の図の円で，アの点を □ といいます。

また，イの直線を □ といいます。

(2) 円の半径(はんけい)の長さは，直径の長さの □ です。

(3) 球を切った切り口の形は □ になります。

(4) 3つの □ の長さが等しい三角形を，正三角形といいます。また，正三角形では，3つの □ の大きさがすべて等しくなっています。

2 右の図で，三角形アイウは正三角形で，点アは円の中心です。(20点/1つ10点)

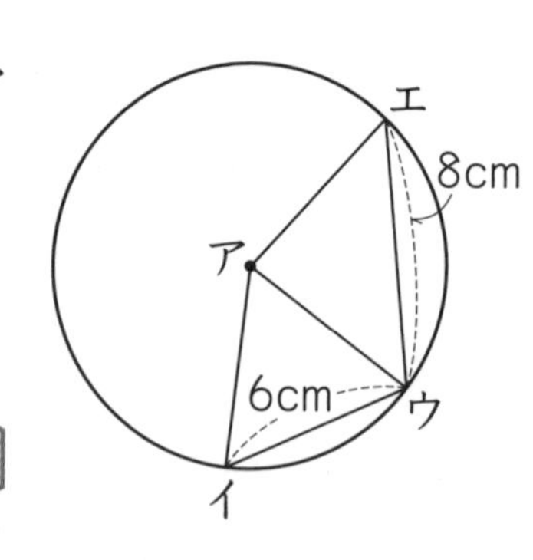

(1) 円の半径は何cmですか。

〔　　　　　〕

(2) 三角形アウエは何という三角形ですか。

〔　　　　　〕

3 右の図のように，半径4cmのボール6こが箱にぴったり入っています。この箱を上から見たとき，箱のまわりの長さは何cmですか。(10点)

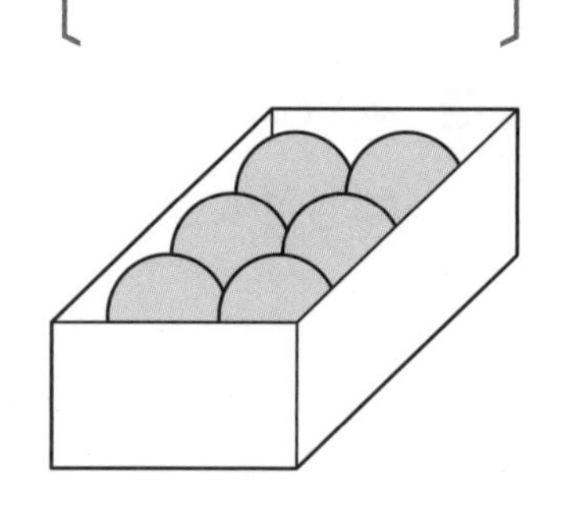

〔　　　　　〕

4 下の表は，たかしさんの学校で，4月，5月，6月にけがをした人の数を，けがの種類別(しゅるいべつ)にまとめたものです。表の㋐から㋔にあてはまる数を答えなさい。(25点/1つ5点)

月別のけがの種類調べ　（人）

	4月	5月	6月	合　計
すりきず	16	21	㋓	52
切りきず	㋐	9	8	29
打ち身	7	㋑	18	40
その他	8	10	6	24
合　計	43	㋒	47	㋔

㋐［　　］㋑［　　］㋒［　　］㋓［　　］㋔［　　］

5 下の表とぼうグラフは，はるみさんの組で好(す)きな食べ物を調べたものです。(15点/1つ5点)

好きな食べ物調べ（人）

好きな食べ物	人　数
カレー	12
ハンバーグ	㋐
オムレツ	3
ラーメン	㋑
その他	7
合　計	

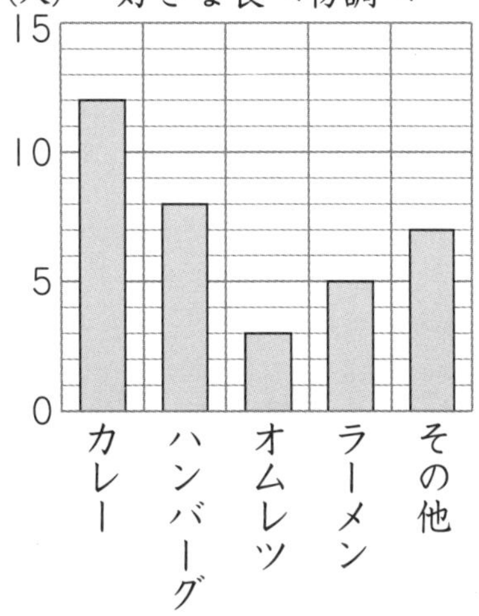

(1) 表の㋐，㋑にあてはまる数を答えなさい。

㋐［　　］㋑［　　］

(2) はるみさんの組の人数は何人ですか。

［　　］

月　日　答え ➡ 別さつ2ページ

1 大きい数のしくみ

ステップ1

1 次の数を漢字で書きなさい。

(1)

千	百	十	一	千	百	十	一	千	百	十	一	千	百	十	一
			兆				億				万				
						2	0	5	8	0	0	0	1	9	4

〔　　　　　　　　〕

(2)

千	百	十	一	千	百	十	一	千	百	十	一	千	百	十	一
			兆				億				万				
	1	0	4	9	5	0	6	0	0	2	0	7	0	0	0

〔　　　　　　　　〕

2 次の数を数字で書きなさい。

(1) 五億二千六百万

〔　　　　　　　　〕

(2) 二十兆九千八十億

〔　　　　　　　　〕

(3) 1億を7こと，1万を30こあわせた数

〔　　　　　　　　〕

(4) 1兆を10こと，1億を480こあわせた数

〔　　　　　　　　〕

(5) 100億を26こ集めた数

〔　　　　　　　　〕

3 下の数直線で，㋐，㋑，㋒，㋓にあたる数を書きなさい。

㋐ 8000億 9000億 ㋑ 1兆 ㋒ 1兆1000億 ㋓

㋐〔　　　　〕㋑〔　　　　〕

㋒〔　　　　〕㋓〔　　　　〕

4 次の数を書きなさい。

(1) 40億を10倍した数

〔　　　　〕

(2) 8000万を100倍した数

〔　　　　〕

(3) 500万を10でわった数

〔　　　　〕

(4) 2兆を100でわった数

〔　　　　〕

5 34+28=62，34×28=952を使って，次の答えを求(もと)めなさい。

(1) 34億+28億

〔　　　　〕

(2) 3億4000万+2億8000万

〔　　　　〕

(3) 34億×28

〔　　　　〕

(4) 34万×28万

〔　　　　〕

大きな数は，右から順(じゅん)に4けたごとに区切ると読みやすくなります。各位(かくくらい)の数字は，10倍すると位が1つ上がり，100倍すると位が2つ上がります。また，10でわると位が1つ下がり，100でわると位が2つ下がります。

月　日　答え ➡ 別さつ２ページ

ステップ２

時間 30分　合かく 80点　とく点　点

1 2509300000について，次の□にあてはまる数を書きなさい。（12点/1つ3点）

(1) １億の位の数字は□です。

(2) この数は，１億を□こと，１万を□こあわせた数です。

(3) この数は，10万を□こ集めた数です。

2 １兆は，次の数の何倍ですか。（8点/1つ4点）

(1) 1000億　〔　　〕

(2) 100億　〔　　〕

3 次の数の大小を，不等号を使って表しなさい。（16点/1つ4点）

(1) 9000万□１億

(2) ４億8000万□５億3000万

(3) 20兆□30億

(4) ９兆5000億□9500億

4 次の数を求めなさい。（20点/1つ5点）

(1) １億より1000万小さい数　〔　　〕

(2) 9000万より3000万大きい数　〔　　〕

(3) 8000億より2000億大きい数　〔　　〕

(4) １兆より500億小さい数　〔　　〕

5 36×75=2700を使って，次の答えを求めなさい。(20点/1つ5点)

(1) 36万×75

[　　　　　　]

(2) 36億×75

[　　　　　　]

(3) 36万×75万

[　　　　　　]

(4) 36億×75万

[　　　　　　]

6 0から9までの数字をそれぞれ1回ずつ使って，10けたの数をつくります。(12点/1つ4点)

0	1	2	3	4
5	6	7	8	9

(1) いちばん大きい数を書きなさい。

[　　　　　　]

(2) いちばん小さい数を書きなさい。

[　　　　　　]

(3) 2番目に大きい数を書きなさい。

[　　　　　　]

7 ある年度のA市の予算は103億2000万円，B市の予算は154億6000万円でした。(12点/1つ6点)

(1) A市とB市の予算はあわせて何円になりますか。

[　　　　　　]

(2) B市の予算はA市の予算より何円多いですか。

[　　　　　　]

2 計算の順じょときまり

ステップ 1

（2～5は１つの式に表して，答えを求めなさい。）

1 次の□にあてはまる数を書きなさい。

(1) 50まいの折り紙を，１人に３まいずつ14人に配ったときの，残りのまい数

（式）□－□×□

(2) １本20円のえん筆を６本と，１こ90円の消しゴムを２こ買ったときの代金

（式）□×□＋□×□

(3) 60ページの本を，きのう20ページ，今日25ページ読んだときの残りのページ数

（式）□－（□＋□）

(4) ３このクッキーと５このあめを１組にして１つのふくろに入れるとき，10ふくろに入れるクッキーとあめをあわせたこ数

（式）（□＋□）×□

2 色紙を，男子３人が５まいずつ，女子４人が７まいずつ持っています。

(1) 色紙は全部で何まいありますか。

（式）

答え［　　　　］

(2) 女子が持っている色紙は，男子が持っている色紙より何まい多いですか。

（式）

答え［　　　　］

3 ゆかりさんは，１こ120円のパンを３こと，80円のジュースを１本買います。

(1) 代金は何円ですか。

(式)

答え〔　　　　　　〕

(2) 500円出すと，おつりは何円になりますか。

(式) □ －（□ × □ ＋ □）

答え〔　　　　　　〕

4 はやとさんは，えん筆を９本持っています。お父さんから，えん筆を２ダースもらいました。はやとさんのえん筆は全部で何本になりますか。

(式)

答え〔　　　　　　〕

5 70円の黒ペン５本と，80円の赤ペン２本を，１つのセットにします。

(1) １セットのねだんは何円ですか。

(式)

答え〔　　　　　　〕

(2) ４セットのねだんは何円ですか。

(式)（□ × □ ＋ □ × □）× □

答え〔　　　　　　〕

かくにんしよう

（　）はひとまとまりとみて，先に計算します。たし算・ひき算と，かけ算・わり算のまじった式では，かけ算・わり算をひとまとまりとみて，先に計算します。ひとまとまりとみる部分から考えると，1つの式に表しやすくなります。

月　日　答え ➡ 別さつ３ページ

ステップ２

時間 30分
合かく 80点
とく点　点

（1〜6は１つの式に表して，答えを求めなさい。）

1 １こ80円のゼリーを４こと，１こ100円のプリンを５こ買いました。（20点/1つ5点）

(1) 代金は全部で何円ですか。
（式）

答え［　　　　　］

(2) ゼリーの代金とプリンの代金では，どちらのほうが何円高いですか。
（式）

答え［　　　　　］

2 お父さんは，薬を１回に２こ，１日に３回飲みます。１週間で薬を何こ飲むことになりますか。（12点/1つ6点）
（式）

答え［　　　　　］

3 １つの箱に，ボールをたてに２こ，横に３こならべて入れます。54このボールを箱に入れるには，箱は何箱あればよいですか。（12点/1つ6点）
（式）

答え［　　　　　］

4 さとるさんが，長方形の形をした花だんのまわりの長さをはかると，たてが４m，横が６mありました。花だんのまわりの長さは何mですか。（12点/1つ6点）

（式）

答え［　　　　　］

5 重さ200gのかごに，同じ重さのりんごを10こ入れると，全体の重さは3200gありました。りんご1この重さは何gですか。(12点/1つ6点)

(式)

答え〔　　　　　　〕

6 みくさんは，1まい160円のチョコレートを買いに行きました。お店の人が1まいにつき20円安くしてくれたので，5まい買いました。代金は何円になりますか。(12点/1つ6点)

(式)

答え〔　　　　　　〕

7 右のように，おはじきをならべました。次の図を見て，おはじきのこ数を求める式を，1つの式で表しなさい。(20点/1つ10点)

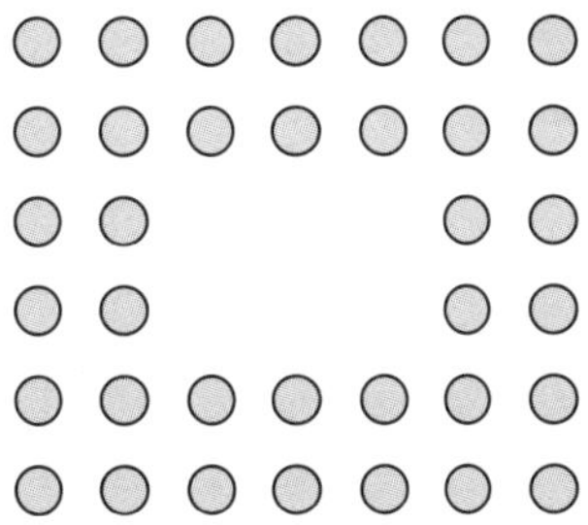

(1)

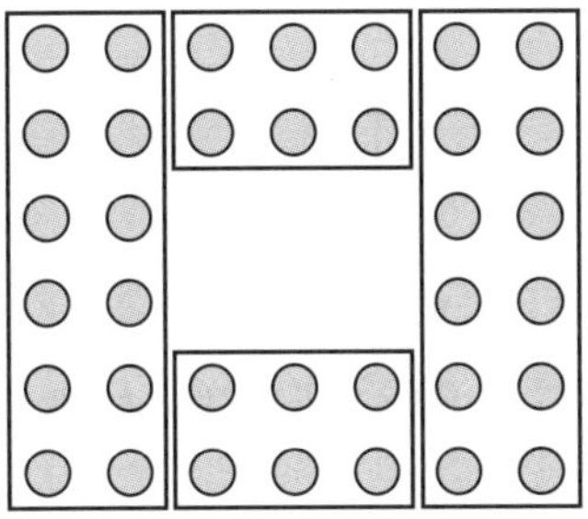

〔　　　　　　〕

(2)

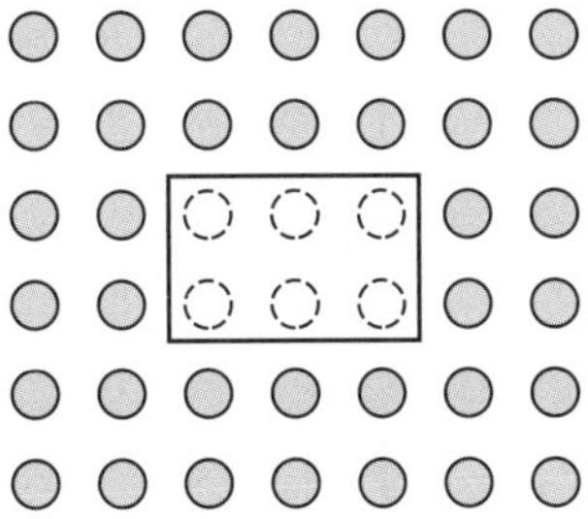

〔　　　　　　〕

3 わり算の文章題

ステップ 1

1 150cmのリボンを，３人の子どもに同じ長さずつ分けます。

(1) 下の図の□にあてはまる数を書きなさい。

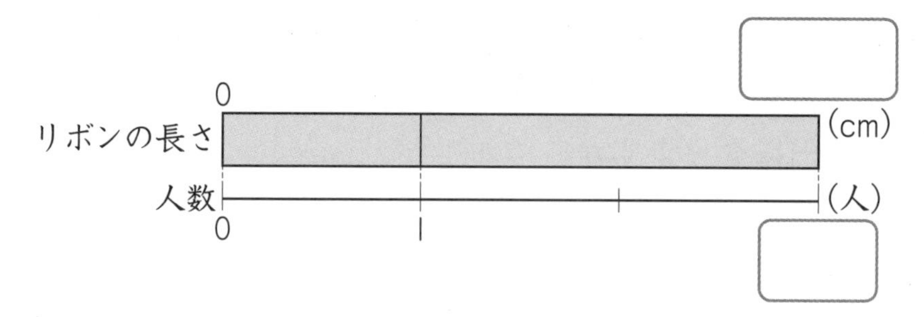

(2) １人分のリボンの長さは何cmになりますか。

〔　　　　　　〕

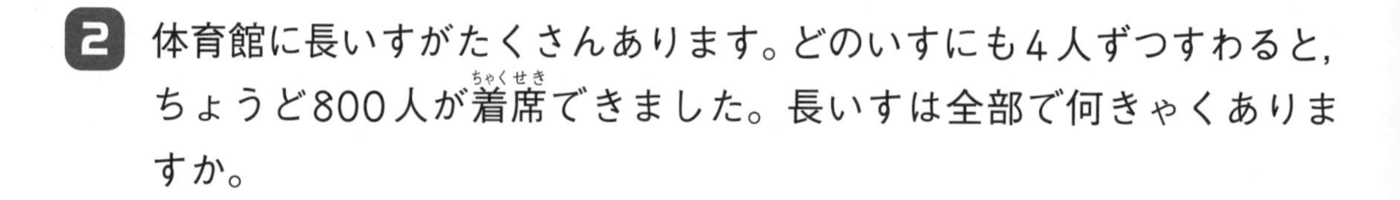

2 体育館に長いすがたくさんあります。どのいすにも４人ずつすわると，ちょうど800人が着席(ちゃくせき)できました。長いすは全部で何きゃくありますか。

〔　　　　　　〕

3 小学校の生徒(せいと)117人が，バス３台で遠足に行くことになりました。それぞれのバスに同じ人数ずつ乗るとき，１台に乗る生徒の人数は何人ですか。

〔　　　　　　〕

4 396まいの色紙を18まいずつ束(たば)にしていくと，何束できますか。

〔　　　　　　〕

5 ゆうまさんは，毎日20ページずつ本を読みます。240ページの本を全部読むには，何日かかりますか。

〔　　　　　　〕

6 840cmのリボンがあります。

(1) 同じ長さずつ14本に切ると，1本の長さは何cmになりますか。

〔　　　　　　〕

(2) 50cmずつ切ると，リボンは何本できて，何cmあまりますか。

〔　　　　　　　　　　　　〕

7 500このチョコレートを，1ふくろに35こずつ入れていきます。

(1) 35こ入りのふくろは何ふくろできますか。

〔　　　　　　〕

(2) 35こ入りのふくろを16ふくろつくりたいと思います。チョコレートはあと何こ必要（ひつよう）ですか。

〔　　　　　　〕

かくにんしよう

あまりのあるわり算の答えは，商とあまりです。
このとき，(わる数)×(商)+(あまり)=(わられる数)にあてはめて，答えが合っているかどうか，たしかめることができます。

月　　日　答え ➡ 別さつ4ページ

ステップ 2

時間 30分
合かく 80点
とく点　　点

1 けんじさんたちは，216きゃくのいすを運びました。1人が1回に2きゃくずつ運んで，ちょうど4回で運び終わりました。いすを運んだのは全部で何人ですか。(12点)

〔　　　　〕

2 ノートを6さつ買って1000円はらうと，おつりが160円ありました。ノート1さつのねだんは何円ですか。(10点)

〔　　　　〕

3 88このキャラメルを5こずつふくろにつめたところ，キャラメルが1こも入っていないふくろが4まいできました。はじめにふくろは何まいありましたか。(12点)

〔　　　　〕

4 4年生134人が，8人ずつのグループに分かれて遠足に行きます。(16点/1つ8点)

(1) 8人のグループは何組できますか。

〔　　　　〕

(2) 8人のグループができるだけ多くなるように，8人のグループと7人のグループに分かれると，7人のグループは何組できますか。

〔　　　　〕

5 長さ4m90cmのテープから，長さ15cmのテープは何本できて，何cmあまりますか。（12点）

〔　　　　　　　〕

6 1さつの重さが60gのノートがあります。同じノート何さつかを箱に入れて，重さを量（はか）ると1kg900gありました。箱の重さは520gです。箱の中にノートは何さつ入っていますか。（12点）

〔　　　　　　　〕

7 小学生238人がロープウェーで山のちょう上まで登ります。ロープウェーは16人乗りです。（16点/1つ8点）

(1) 1回に14人ずつ乗っていくと，何回で全員がちょう上まで登ることができますか。

〔　　　　　　　〕

(2) ロープウェーに乗る回数をなるべく少なくしたいと思います。このとき，何回で全員がちょう上まで登ることができますか。

〔　　　　　　　〕

8 ある数を54でわると，商が7で，あまりが39になりました。ある数を求（もと）めなさい。（10点）

〔　　　　　　　〕

がい数と見積もり

ステップ 1

1 次の数の十の位を，切り捨て・切り上げ・四捨五入して，百の位までのがい数にしなさい。

	切り捨て	切り上げ	四捨五入
648	(1)	(2)	(3)
1271	(4)	(5)	(6)
953	(7)	(8)	(9)

2 次の数の百の位を四捨五入して，千の位までのがい数にしなさい。また，上から2けたのがい数にしなさい。

(1) 34900

千の位まで〔　　　　〕　上から2けた〔　　　　〕

(2) 708435

千の位まで〔　　　　〕　上から2けた〔　　　　〕

3 次の□にあてはまる数を書きなさい。

(1) 百の位を四捨五入すると3000になる整数の中で，いちばん小さい数は□で，いちばん大きい数は□です。

(2) 百の位を四捨五入すると3000になる整数は，□以上□未満の数です。

(3) 十の位を四捨五入すると3000になる整数の中で，いちばん小さい数は□で，いちばん大きい数は□です。

4 北川町の人口は11840人，南山町の人口は7291人です。

(1) 北川町と南山町の人口を，四捨五入して千の位までのがい数にしなさい。

北川町〔　　　　　　〕 南山町〔　　　　　　〕

(2) 北川町と南山町の人口は，あわせて約何万何千人ですか。

〔　　　　　　〕

(3) 北川町の人口は，南山町の人口より約何千人多いですか。

〔　　　　　　〕

5 ひろきさんの家からプールまでの道のりは，おうふくで1900mあります。ひろきさんは，夏休み中に32回プールへ歩いて行く予定です。

(1) ひろきさんが家とプールのおうふくで歩く道のりは全部で約何mになりますか。かけられる数とかける数を四捨五入して上から1けたのがい数にして，見積もりなさい。

〔　　　　　　〕

(2) 実さいにひろきさんが歩く道のりは，全部で何mになりますか。

〔　　　　　　〕

ふくざつなかけ算の積を見積もるには，ふつう，かけられる数もかける数も四捨五入して上から1けたや2けたなどのがい数にしてから計算します。このように積の大きさの見当をつけておけば，実さいの計算でまちがいにくくなります。

月　日　答え ➡ 別さつ5ページ

ステップ 2

時間 30分
合かく 80点
とく点　　点

1 下の数について，次の問いに答えなさい。(30点/1つ10点)

19350　20500　19871　20489

(1) 切り捨てて千の位までのがい数にしたとき，19000になる数をすべて答えなさい。

[　　　　]

(2) 切り上げて千の位までのがい数にしたとき，21000になる数をすべて答えなさい。

[　　　　]

(3) 四捨五入して千の位までのがい数にしたとき，20000になる数をすべて答えなさい。

[　　　　]

2 3から7までの数字をそれぞれ1回ずつ使って，5けたの数をつくります。(20点/1つ10点)

3　4　5　6　7

(1) 四捨五入して百の位までのがい数にしたとき，73500になる整数を3こつくりなさい。

[　　　　]

(2) 四捨五入して上から2けたのがい数にしたとき，66000になる整数を2こつくりなさい。

[　　　　]

3 ある日の遊園地の入場者数を，四捨五入して千の位までのがい数にすると，27000人でした。(20点/1つ10点)

(1) 実さいの入場者数のはんいを，「以上，以下」を使って表しなさい。

〔　　　　　　　　　　〕

(2) 実さいの入場者数のはんいを，「以上，未満」を使って表しなさい。

〔　　　　　　　　　　〕

4 A町では，70才以上の高れい者が3197人います。けい老の日に，1人1800円のお祝いをわたすには，約何百万円の予算が必要ですか。四捨五入して上から1けたのがい数にして，見積もりなさい。(10点)

〔　　　　　　〕

5 小学校の生徒389人で，遠足に行きます。(20点/1つ10点)

(1) 電車で行くと，電車代は1人510円かかります。全員の電車代は約何円になりますか。四捨五入して上から1けたのがい数にして，見積もりなさい。

〔　　　　　　〕

(2) バスを8台借りて行くと，356200円かかります。1人分のバス代は約何円になりますか。四捨五入してわられる数を上から2けた，わる数を上から1けたのがい数にして見積もりなさい。

〔　　　　　　〕

月	日	答え ➡ 別さつ6ページ

STEP 3 1～4

ステップ3

時間 30分
合かく 80点
とく点 点

1 38×65=2470を使って，次の答えを求(もと)めなさい。(20点/1つ10点)

(1) 38億(おく)×65万

(2) 3億8000万×6万5000

〔　　　　〕　〔　　　　〕

2 375をある数でわると，商が41で，あまりが6になりました。ある数を求めなさい。(10点)

〔　　　　〕

3 わたるさんは1000ページある本を日曜日から読み始めました。わたるさんはこの本を土曜日，日曜日は28ページずつ，それ以外(いがい)の曜日は1日あたり12ページずつ読むことにしました。わたるさんがこの本を全部読み終えるのは何曜日ですか。(10点)

〔　　　　〕

4 次の□にあてはまる数を書きなさい。

8を20こならべて20けたの整数をつくりました。この整数を37でわったあまりは□です。(10点)　〔広島学院中〕

5 次の問いに答えなさい。

(1) 次の計算が正しくなるように＋，－，×，÷を□に入れなさい。

（20点/1つ10点）

① 210 □ 5 □ 120 □ 3 ＝ 1410

② 210 □ 5 □ 120 □ 3 ＝ 2

書いてまとめる (2) (1)の①，②のような式を立てる問題文と答えをそれぞれつくりなさい。

（20点/1つ10点）

①［　　］

②［　　］

6 次のように小さい順(じゅん)にならんだ4つの整数があります。

27，a(エー)，b(ビー)，62

4つの整数の一の位(くらい)を四捨五入(ししゃごにゅう)して，すべて加(くわ)えると170になり，bからaをひくと9になります。aを求めなさい。（10点）　〔海城中〕

［　　］

5 小数のたし算とひき算

1 0.84kgの箱に，5.5kgの図かんを入れると，全体の重さは何kgになりますか。

〔　　　　　〕

2 お茶が，水とうに0.65L，ペットボトルに1.08L入っています。

(1) お茶は全部で何Lありますか。

〔　　　　　〕

(2) ペットボトルに入っているお茶は，水とうに入っているお茶より何L多いですか。

〔　　　　　〕

3 西山駅から運動公園までの道のりは3.94kmで，運動公園から東川駅までの道のりは1.72kmです。

(1) 西山駅から運動公園を通って東川駅まで行くと，全体の道のりは何kmになりますか。

〔　　　　　〕

(2) 西山駅から運動公園までの道のりと，運動公園から東川駅までの道のりでは，どちらのほうが何km長いですか。

〔　　　　　　　　　　〕

4 6.51mのはり金があります。

(1) 1.35m切り取って使いました。はり金は何m残(のこ)りましたか。

〔　　　　　〕

(2) (1)から追加(ついか)で何mか切り取って使うと，2.87m残りました。追加で使ったはり金は何mですか。

〔　　　　　〕

5 ひとみさんのかばんの重さは7.24kgです。あきらさんのかばんは，ひとみさんのかばんよりも1.16kg重いそうです。ゆみさんのかばんは，ひとみさんのかばんよりも3.85kg軽いそうです。

(1) あきらさんのかばんは何kgですか。

〔　　　　　〕

(2) あきらさんとゆみさんのかばんの重さのちがいは何kgですか。

〔　　　　　〕

6 5.7からある数をひくのをまちがえて，5.7にある数をたしたので，答えが9.04になりました。正しい答えを求(もと)めなさい。

〔　　　　　〕

小数のたし算・ひき算は，小数点以下(いか)の位(くらい)をそろえれば，整数のときと同じように計算できます。例(たと)えば5.7−2.37のようなときは，5.7の$\frac{1}{100}$の位に0を書いて，5.70−2.37として小数点以下の位をそろえます。

月　日　答え ➡ 別さつ７ページ

1 しょう油が，大きいびんに1.96L，小さいびんに8.8dL入っています。しょう油は全部で何Lありますか。（10点）

〔　　　　　　〕

2 3.08mのテープから，53cmだけ切り取りました。残(のこ)ったテープの長さは何mですか。（10点）

〔　　　　　　〕

3 長さが2.51m，2.27m，2.96mのテープを全部つなぐと何mになりますか。ただし，つなぎ目の長さは考えません。（10点）

〔　　　　　　〕

4 お母さんが麦茶を3Lつくり，ポットに入れました。あおいさんは0.92L，妹は0.65Lの麦茶をそれぞれポットから水とうに入れました。（20点/1つ10点）

(1) あおいさんと妹では，どちらが何L多く入れましたか。

〔　　　　　　　　　　　　〕

(2) ポットに麦茶はあと何L残っていますか。

〔　　　　　　〕

5 350gのかごにりんごをいくつか入れて重さを量(はか)ると8.2kgありました。りんごだけの重さは何kgですか。(10点)

〔　　　　　〕

6 赤色，白色，青色の3本のリボンがあります。赤色のリボンは1.29mで，白色のリボンよりも0.35m長いです。白色のリボンは青色のリボンよりも0.22m長いです。青色のリボンの長さは何mですか。(10点)

〔　　　　　〕

7 水が，ペットボトルに1.73L，びんに2.54L入っています。ペットボトルとびんの水を水そうに入れると，水そうの水は9.5Lになりました。水そうには，はじめ何Lの水が入っていましたか。(10点)

〔　　　　　〕

8 ゆうこさんは，長方形の形をした花だんのまわりの長さをはかりました。花だんの横の長さは6.48mで，たての長さは横の長さより1m70cm短いそうです。(20点/1つ10点)

(1) 花だんのたての長さは何mですか。

〔　　　　　〕

(2) 花だんのまわりの長さは何mですか。

〔　　　　　〕

小数のかけ算

ステップ 1

1 1mの重さが2.6gのはり金が3mあります。

(1) 下の図の□にあてはまる数を書きなさい。

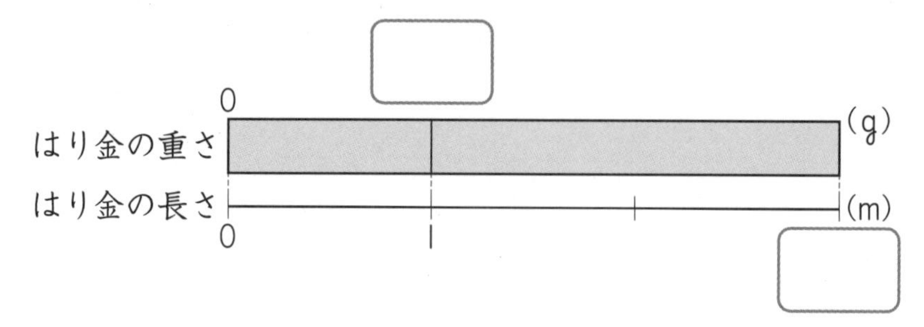

(2) はり金3mの重さは何gになりますか。

〔　　　　〕

2 1本の長さが1.3mのリボンが5本あります。リボンの長さは全部で何mですか。

〔　　　　〕

3 あるケーキ屋さんでは，1日に2.8kgのさとうを使います。1週間では何kgのさとうを使いますか。

〔　　　　〕

4 花だんを作るのに，1この長さが0.46mのブロックを使います。このブロック50こを1列にならべると何mになりますか。

〔　　　　〕

5 ひとしさんは，毎日夕方に公園のまわり1.2kmを2周(しゅう)ジョギングすることにしています。

(1) 3日間続(つづ)けて走りました。全部で何km走りましたか。

〔　　　　　〕

(2) 4月は19日間走りました。全部で何km走りましたか。

〔　　　　　〕

6 6人でリボンを同じ長さずつ切り取って分けたところ，1人分の長さは0.74mになりました。はじめのリボンの長さは何mですか。

〔　　　　　〕

7 ひかるさんの家の自動車は，ガソリン1Lで12.5km走ります。

(1) ガソリン8Lで何km走ることができますか。

〔　　　　　〕

(2) 自動車のタンクには，42Lまでガソリンを入れることができます。タンクをいっぱいにしてから走り出すと，何km走ることができますか。

〔　　　　　〕

かくにんしよう

小数に整数をかけるかけ算でも，整数のかけ算と同じように計算して，位置(いち)に気をつけて答えに小数点をうちます。筆算をするときは，かけられる数の小数点にそろえて，積(せき)の小数点をうつようにします。

月　日　答え ➡ 別さつ8ページ

ステップ 2

時間 30分　合かく 80点　とく点　点

1 1辺の長さが9.6cmの正方形のまわりの長さを求めなさい。（10点）

〔　　〕

2 だいきさんの歩はばは50cmです。だいきさんが324歩歩くと，歩いたきょりは何mになりますか。（10点）

〔　　〕

3 かんづめが8こずつ入っている箱が4つあります。かんづめ1この重さは0.7kgで，箱1つの重さは1.1kgです。全体の重さは何kgになりますか。（10点）

〔　　〕

4 みかさんのクラスで，工作に使うはり金を1人に0.85mずつ切って配ると，34cmあまりました。クラスの人数は28人です。はじめにあったはり金は何mですか。（10点）

〔　　〕

5 ジュースが5.5Lあります。1日に0.3Lずつ14日間飲むと，ジュースは何L残りますか。（10点）

〔　　〕

6 小麦粉(こむぎこ)が0.6kgずつ入ったふくろが7つ，0.48kgずつ入ったふくろが3つあります。小麦粉は全部で何kgありますか。(10点)

〔　　　　〕

7 牛にゅうを8つのコップに0.4Lずつ入れると，51dLあまりました。はじめにあった牛にゅうは何Lですか。(10点)

〔　　　　〕

8 ボールが1ダース入った箱が2つあります。2つの箱の重さを量(はか)ると18kgありました。ボール1この重さは0.63kgです。箱1つの重さは何kgですか。(10点)

〔　　　　〕

9 めぐみさんは1時間で4.2km歩くことができ，自転車だと1時間で15.8km走ることができます。(20点/1つ10点)

(1) めぐみさんが2時間歩いてから，自転車で4時間走ると，進んだ道のりは全部で何kmになりますか。

〔　　　　〕

(2) めぐみさんが3時間歩いたときと3時間自転車で走ったときでは，進んだ道のりのちがいは何kmになりますか。

〔　　　　〕

小数のわり算

ステップ1

1 4.2mのテープを，3人の子どもに同じ長さずつ分けます。

(1) 下の図の □ にあてはまる数を書きなさい。

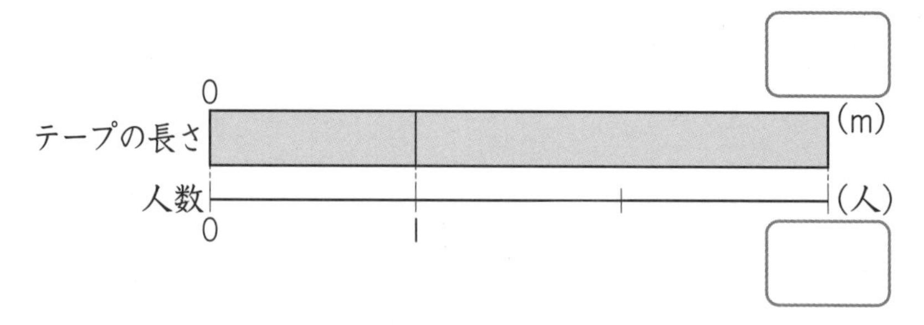

(2) 1人分のテープの長さは何mになりますか。

〔　　　　　〕

2 長さ5.4mのリボンがあります。このリボンを同じ長さずつ6本に切り分けると，1本分は何mになりますか。

〔　　　　　〕

3 6.3Lのジュースを15人に同じ量(りょう)ずつ分けると，1人分は何Lになりますか。

〔　　　　　〕

4 同じ重さの板が8まいあります。板8まいの重さを量(はか)ると5.2kgでした。この板1まいの重さは何kgですか。

〔　　　　　〕

5 18mで重さが2.7kgのはり金があります。このはり金1mの重さは何kgですか。

〔　　　　　〕

6 56.8dLの水をコップに入れていきます。

(1) 1つのコップに4dLずつ入れていくと，4dL入ったコップは何はいできて，何dLあまりますか。

〔　　　　　〕

(2) 1つのコップに3dLずつ入れていき，あまった水もコップに入れると，水の入ったコップは全部で何はいできますか。

〔　　　　　〕

7 長さ16.8mのひもがあります。

(1) このひもを12等分すると，1本分は何mになりますか。

〔　　　　　〕

(2) このひもを9等分すると，1本分は約（やく）何mになりますか。答えは，小（しょう）数第二位（すうだいにい）を四捨五入（ししゃごにゅう）して，小数第一位までのがい数で求（もと）めなさい。

〔　　　　　〕

かくにんしよう

小数を整数でわるわり算の筆算では，あまりの小数点は，わられる数の小数点にそろえてうちます。(わられる数)＝(わる数)×(商)＋(あまり)でたしかめてみましょう。また，わり切れなかったり，けた数が多くなったりするときには，商をがい数で表す問題もあります。

月　日　答え ➡ 別さつ9ページ

ステップ 2

時間 30分
合かく 80点
とく点　　点

1 7.8kgのコーヒー豆を，15このびんに同じ重さずつ分けます。びんの重さは1こ260gです。コーヒー豆の入ったびん1この重さは何kgですか。(10点)

[　　　　]

2 長さ4.1mのリボンを，7人に同じ長さずつ分けると，39cmあまりました。1人分のリボンの長さは何mですか。(10点)

[　　　　]

3 さおりさんの体重は25kgで，お姉さんの体重は32kgです。お姉さんの体重は，さおりさんの体重の何倍ですか。(10点)

[　　　　]

4 まわりの長さが18.12mの正方形の形をした花だんがあります。この花だんの1辺(へん)の長さは何mですか。(10点)

[　　　　]

5 1パック165円の牛肉を買ったところ，75g入っていました。この肉1gのねだんを小数で答えなさい。(10点)

[　　　　]

6 長さ25.1mのロープを3mずつに切ると，3mのロープは何本できて，何mあまりますか。(10点)

〔　　　　　　　　　〕

7 15Lの重さが13kgの米があります。この米1Lの重さは約何kgですか。答えは，小数第二位を四捨五入して，小数第一位までのがい数で求めなさい。(10点)

〔　　　　　　　　　〕

8 同じ重さのボール24こを箱に入れて重さを量ると，14.5kgありました。箱の重さは700gです。このボール1この重さは何kgですか。(10点)

〔　　　　　　　　　〕

9 横の長さが2mで，まわりの長さが13.72mの長方形の形をした板があります。(20点/1つ10点)

(1) この板のたての長さは何mですか。

〔　　　　　　　　　〕

(2) この板のまわりの長さは，1辺が2mの正方形のまわりの長さの何倍ですか。

〔　　　　　　　　　〕

8 分数の種類（しゅるい）

ステップ 1

1 次の□にあてはまることばや数を書きなさい。

(1) $\frac{1}{3}$ や $\frac{3}{5}$ のように，分子が分母より小さい分数を□と

いいます。これらは必(かなら)ず１よりも□数になります。

(2) $\frac{5}{3}$ は $\frac{1}{3}$ の□こ分の数です。$\frac{3}{3}$ のように，分子が分母と等しい

か，$\frac{5}{3}$ のように，分子が分母より大きい分数を□といい

ます。

(3) １は $\frac{1}{3}$ の□こ分で，$\frac{2}{3}$ は $\frac{1}{3}$ の□こ分だから，$1\frac{2}{3}$ は

$\frac{1}{3}$ の□こ分の数です。$1\frac{2}{3}$ のように，整数と□の和

になっている分数を□といいます。

2 次の分数を，１より小さい分数，１に等しい分数，１より大きい分数に分けなさい。

$\frac{1}{2}$, $\frac{4}{3}$, $\frac{5}{6}$, $\frac{4}{4}$, $\frac{8}{5}$, $\frac{6}{6}$

１より小さい分数〔　　　　〕

１に等しい分数〔　　　　〕

１より大きい分数〔　　　　〕

3 次の分数を，真分数，仮分数，帯分数に分けなさい。

$\frac{7}{6}$　$\frac{5}{8}$　$2\frac{2}{3}$　$\frac{3}{3}$　$1\frac{8}{9}$　$\frac{11}{15}$

真分数〔　　　　　〕　仮分数〔　　　　　〕

帯分数〔　　　　　〕

4 次の帯分数は仮分数に，仮分数は帯分数か整数になおしなさい。

(1) $1\frac{1}{4}$　〔　　　〕

(2) $3\frac{1}{2}$　〔　　　〕

(3) $2\frac{4}{5}$　〔　　　〕

(4) $\frac{9}{5}$　〔　　　〕

(5) $\frac{10}{3}$　〔　　　〕

(6) $\frac{18}{6}$　〔　　　〕

5 右の数直線を見て，次の分数を全部書きなさい。

0　$\frac{1}{2}$　1

0　$\frac{1}{3}$　$\frac{2}{3}$　1

0　$\frac{1}{4}$　$\frac{2}{4}$　$\frac{3}{4}$　1

0　$\frac{1}{6}$　$\frac{2}{6}$　$\frac{3}{6}$　$\frac{4}{6}$　$\frac{5}{6}$　1

0　$\frac{1}{8}$　$\frac{2}{8}$　$\frac{3}{8}$　$\frac{4}{8}$　$\frac{5}{8}$　$\frac{6}{8}$　$\frac{7}{8}$　1

0　$\frac{1}{9}$　$\frac{2}{9}$　$\frac{3}{9}$　$\frac{4}{9}$　$\frac{5}{9}$　$\frac{6}{9}$　$\frac{7}{9}$　$\frac{8}{9}$　1

(1) $\frac{1}{2}$に等しい分数　〔　　　　〕

(2) $\frac{1}{3}$に等しい分数　〔　　　　〕

(3) $\frac{3}{4}$に等しい分数　〔　　　　〕

$1+\frac{2}{5}$ のことを「+」を書かずに，$1\frac{2}{5}$ と表したものが帯分数です。これを仮分数で表すと，$\frac{7}{5}$ になります。帯分数は，「整数」＋「1より小さい数」という意味で，どのくらいの数なのかがわかりやすい表し方といえます。

月　日　答え ➡ 別さつ10ページ

時間 30分
合かく 80点
とく点　　点

1 次の数直線の□にあてはまる分数を書きなさい。(16点/1つ2点)

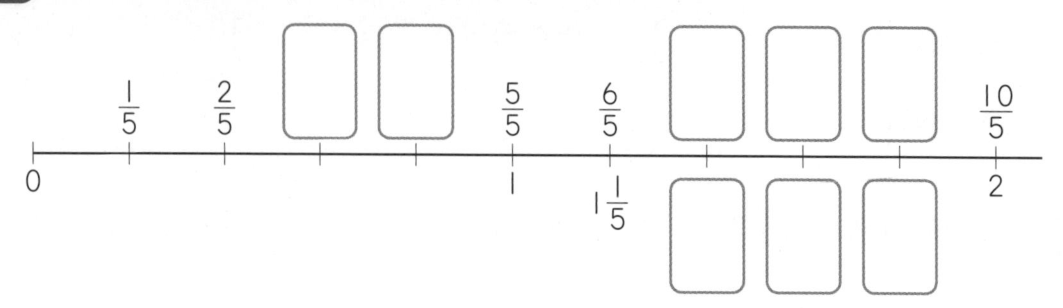

2 次の□にあてはまる数を書きなさい。(11点/1つ1点)

(1) $\frac{1}{2}=\frac{\square}{4}=\frac{\square}{6}=\frac{\square}{8}$

(2) $\frac{2}{3}=\frac{\square}{6}=\frac{6}{\square}$

(3) $2=\frac{\square}{2}=\frac{\square}{3}=\frac{8}{\square}$

(4) $3=\frac{\square}{2}=\frac{\square}{3}=\frac{12}{\square}$

3 次の□にあてはまる数やことばを書きなさい。(16点/1つ2点)

(1) 1は$\frac{1}{5}$の□こ分の数だから，3は$\frac{1}{5}$の□こ分の数です。

(2) $3\frac{2}{5}=2\frac{\square}{5}=1\frac{\square}{5}=\frac{\square}{5}$ と表すことができます。

(3) (2)のいちばん左側(ひだりがわ)の分数のように，整数と□を組み合わせた形の分数を□といいます。また，いちばん右側の分数のように，分子のほうが分母より大きいか，または等しい分数を□といいます。

4 次の(　)の中の分数を，大きい順(じゅん)にならべなさい。(10点/1つ5点)

(1) $\left(\frac{1}{4},\ \frac{1}{6},\ \frac{1}{5},\ \frac{1}{9}\right)$　〔　　　　　　　　〕

(2) $\left(2\frac{4}{7},\ 2\frac{2}{7},\ 3\frac{1}{7},\ \frac{15}{7}\right)$　〔　　　　　　　　〕

5 次の正方形から，$\frac{3}{5}$ の部分に色がぬられているものをすべて選びなさい。(9点)

ア

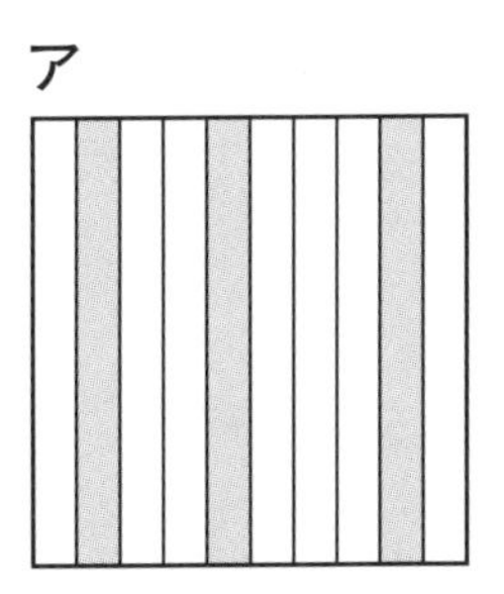

イ

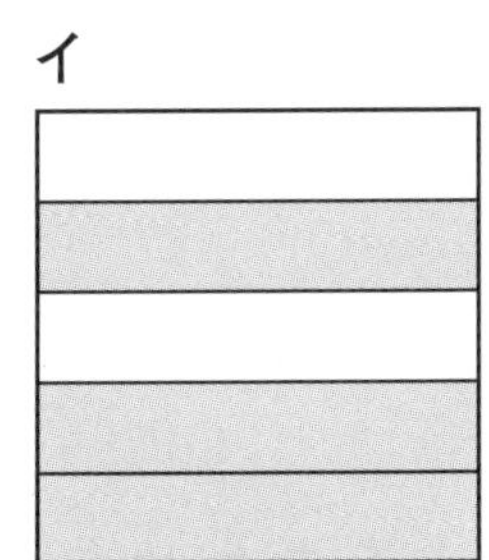

ウ

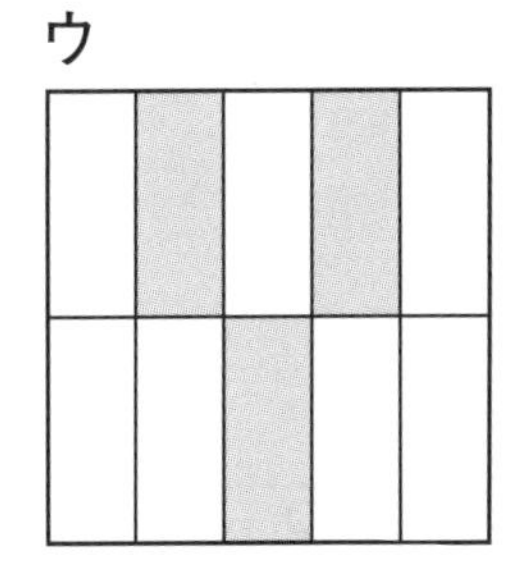

エ

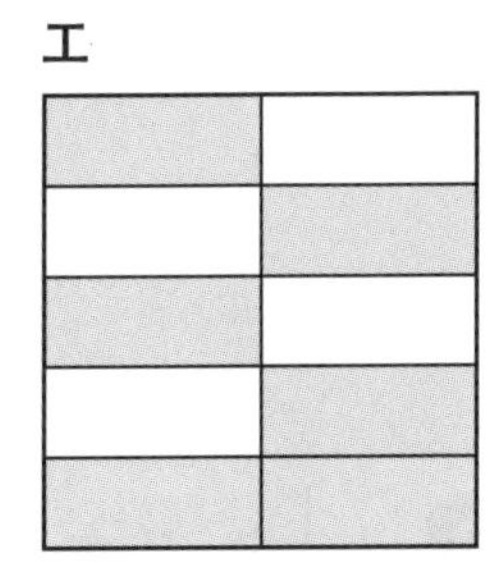

〔　　　　　　〕

6 次の数直線の□にあてはまる分数または小数を書きなさい。

(20点/1つ2点)

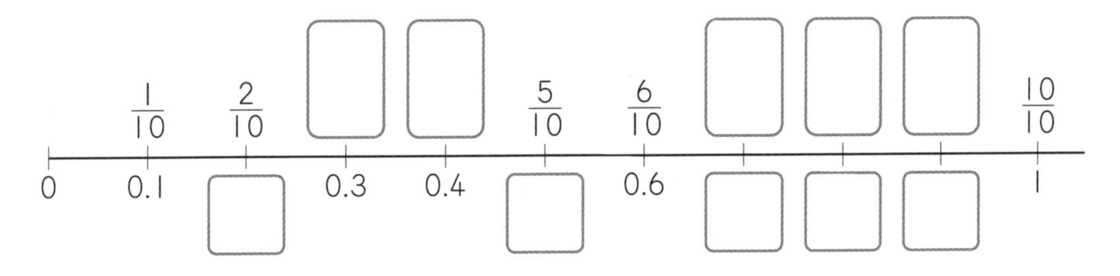

7 次の□にあてはまる不等号または等号を入れなさい。(18点/1つ3点)

(1) 0.2 □ $\frac{1}{5}$　　(2) 1.2 □ $1\frac{2}{5}$　　(3) 2.3 □ $\frac{11}{5}$

(4) 0.4 □ $\frac{3}{5}$　　(5) $2\frac{2}{5}$ □ 2.4　　(6) $3\frac{2}{5}$ □ 3.3

9 分数のたし算とひき算

STEP 1 ステップ 1

1 2つのコップに $\frac{2}{7}$Lの水と，$\frac{1}{7}$Lの水が入っています。この2つのコップから，空のポットに水をすべてうつしました。ポットには水が何L入っていますか。

〔　　　　　　〕

2 $1\frac{1}{6}$kgのねん土と $\frac{5}{6}$kgのねん土をあわせたら，ねん土はあわせて何kgになりますか。

〔　　　　　　〕

3 ガソリン1Lを使って $8\frac{1}{3}$km走る車があります。

(1) この車はガソリン2Lを使って何km走りますか。

〔　　　　　　〕

(2) この車はガソリン3Lを使って何km走りますか。

〔　　　　　　〕

4 ジュースが $\frac{2}{5}$L，牛にゅうが $\frac{3}{5}$Lあります。

(1) ジュースと牛にゅうは，あわせて何Lありますか。

〔　　　　〕

(2) 牛にゅうはジュースより何L多いですか。

〔　　　　〕

5 ペットボトルに $1\frac{4}{5}$Lの麦茶が入っています。$\frac{3}{5}$Lの麦茶をコップにうつすと，ペットボトルに残（のこ）っている麦茶は何Lですか。

〔　　　　〕

6 長さ1mのひもから，$\frac{2}{7}$mを切り取って使いました。ひもは何m残っていますか。

〔　　　　〕

7 家から駅までの道のりは，$1\frac{8}{9}$kmあります。駅まで行くとちゅうには図書館があり，家から図書館までの道のりは，$\frac{7}{9}$kmです。図書館から駅までの道のりは何kmですか。

〔　　　　〕

分母が同じ分数のたし算・ひき算では，分母はそのままにして，分子だけを計算します。たし算・ひき算で，整数や帯分数（たいぶんすう）がまじっているときは，仮分数（かぶんすう）になおせば計算できるようになります。

月　日　答え ➡ 別さつ11ページ

ステップ 2

時間 30分　合かく 80点　とく点　点

1 $1\frac{3}{5}$kgのお米と$\frac{4}{5}$kgのお米をあわせて1つのふくろに入れました。ふくろの中のお米は何kgですか。(10点)

[　　　　]

2 そうたさんは，きのうは$\frac{3}{5}$時間，今日は$1\frac{1}{5}$時間本を読みました。(20点/1つ10点)

(1) きのうと今日で，あわせて何時間読みましたか。

[　　　　]

(2) 今日はきのうより何時間多く読みましたか。

[　　　　]

3 やかんにお茶が3L入っています。このお茶を，ひなこさんが$\frac{4}{8}$L，妹が$\frac{1}{8}$L飲みました。(20点/1つ10点)

(1) ひなこさんと妹が飲んだお茶の量(りょう)は，あわせて何Lですか。

[　　　　]

(2) やかんに残(のこ)っているお茶は何Lですか。

[　　　　]

4 けいたさんの家と学校と駅の間の道のりは，右の図のようになっています。(20点/1つ10点)

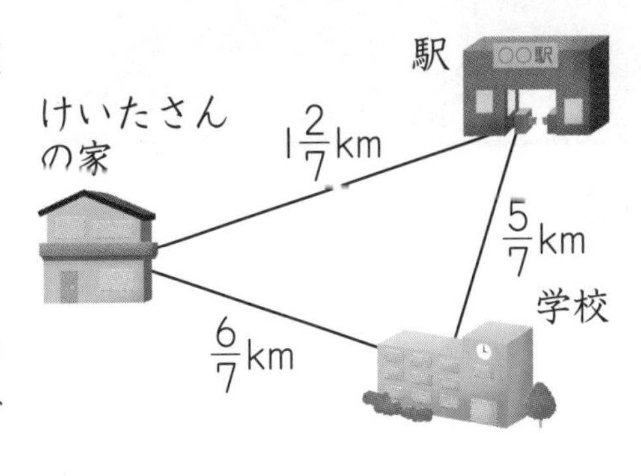

(1) けいたさんの家から駅までの道のりと，けいたさんの家から学校までの道のりでは，どちらが何km長いですか。

〔　　　　　　　　〕

(2) けいたさんの家から駅まで行きます。学校の前を通って行くと，まっすぐ駅に行くよりも何km遠くなりますか。

〔　　　　　　　　〕

5 たてが$1\frac{5}{9}$m，横が$2\frac{8}{9}$mの長方形の，まわりの長さは何mですか。

(10点)

〔　　　　　　　　〕

6 さとうが2つのふくろに入っています。さとうの重さは，$2\frac{4}{5}$kgと$1\frac{2}{5}$kgです。このさとうを大きな1つのふくろに全部まとめて入れました。(20点/1つ10点)

(1) 大きなふくろの中のさとうは何kgですか。

〔　　　　　　　　〕

(2) このさとうのうち，$\frac{3}{5}$kgだけを取り出しました。大きなふくろの中に残ったさとうは何kgですか。

〔　　　　　　　　〕

ステップ 3

5～9

月　日　答え ➡ 別さつ12ページ

時間 30分　合かく 80点　とく点　点

1 750gの箱に，みかんとりんごを何こか入れたら，あわせた重さは3.67kgになりました。箱に入れる前の，みかんだけの重さは1.35kgでした。このとき，箱の中のりんごの重さは何kgですか。(10点)

〔　　　　〕

2 長さが3.92m，2.35m，3.25mの紙テープがあります。紙テープをつなぐとき，のりしろの長さを3cmとします。(20点/1つ10点)

(1) 1本につなぐと，紙テープの長さは何mですか。

〔　　　　〕

(2) (1)でつくった紙テープを，輪(わ)になるようにつなぎました。輪の長さは何mですか。

〔　　　　〕

3 宿はく学習に使うお米を，1人260gずつ集めることにしました。クラスの人数は34人います。(20点/1つ10点)

(1) お米は合計で何kgになる予定ですか。

〔　　　　〕

(2) 実さいに集まったお米の合計の重さは9.57kgでした。予定よりも何g多く集まりましたか。

〔　　　　〕

4 ある駅伝(えきでん)大会では，23.4kmのコースを6つの区間に分けて，6人がリレー形式で走ります。6つの区間のうち3つの区間は4.7km，5.2km，3kmです。残(のこ)りの3つの区間は同じ長さずつに分けられているとき，区間1つ分は何kmですか。(10点)

〔　　　　　　　〕

5 長さ57.5mの紙テープを，残りができるだけ少なくなるように，長さをはかって27人に同じ長さずつに切り分けます。(20点/1つ10点)

(1) 1m，2m，3mのように，1m単位(たんい)まではかって切り分けるとき，1人分は何mで，残りは何cmになりますか。

1人分〔　　　　　　　〕　残り〔　　　　　　　〕

(2) 1m，1m10cm，1m20cmのように，10cm単位まではかって切り分けるとき，1人分は何m何十cmで，残りは何cmになりますか。

1人分〔　　　　　　　〕　残り〔　　　　　　　〕

6 家から公園までの道のりは$1\frac{5}{7}$kmで，さらに$\frac{4}{7}$km進んだところに学校があります。また，家から駅までの道のりは，$1\frac{3}{7}$kmです。

(20点/1つ10点)

(1) 学校から家によって駅まで行く道のりは何kmですか。

〔　　　　　　　〕

(2) 家から駅までの道のりは，家から学校までの道のりよりも何km短いですか。

〔　　　　　　　〕

10 折れ線グラフ

ステップ 1

1 右の折れ線グラフは，6月18日の2時間ごとの気温の変わり方のようすを表しています。

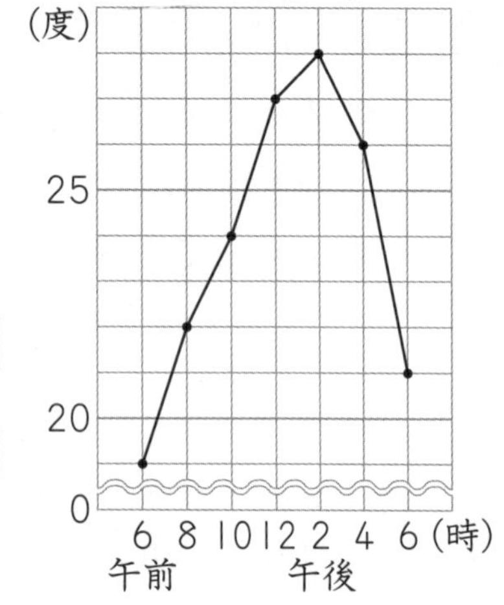

(1) 横のじくとたてのじくは，それぞれ何を表していますか。

横のじく〔　　　　　　　〕

たてのじく〔　　　　　　　〕

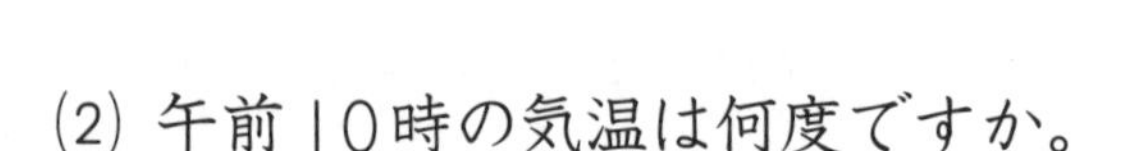

(2) 午前10時の気温は何度ですか。

〔　　　　　　〕

(3) 午前6時から午前8時までの2時間で，気温は何度上がりましたか。

〔　　　　　　〕

(4) 気温が上がっているのは何時から何時までの間ですか。

〔　　　　　　　　　　　　　　〕

(5) 気温の上がり方がいちばん小さいのは，何時から何時までの間ですか。

〔　　　　　　　　　　　　　　〕

(6) 気温の変わり方がいちばん大きいのは，何時から何時までの間ですか。

〔　　　　　　　　　　　　　　〕

2 次の図は，折れ線グラフの線のかたむきぐあいを表しています。
〔　　〕にあてはまる番号を書きなさい。

① 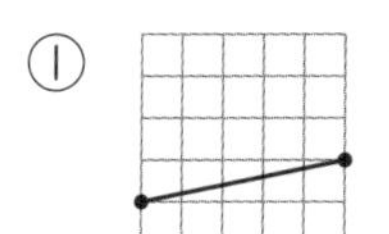
② 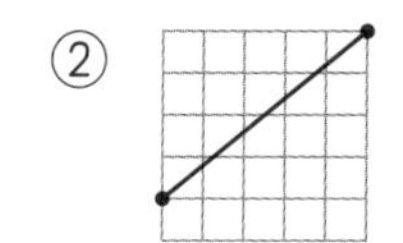
③ 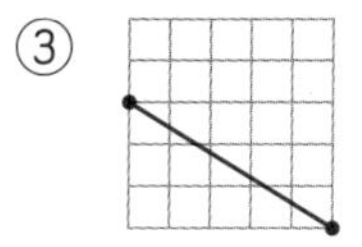
④ 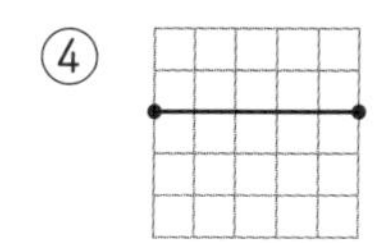
⑤ 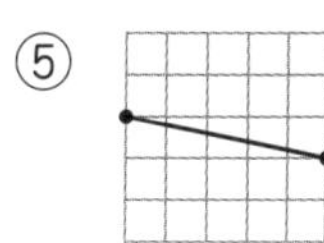

(1) 変わらない〔　　　〕　(2) 大きくふえている〔　　　〕

(3) 大きくへっている〔　　　〕　(4) 少しふえている〔　　　〕

3 下の表は，1時間ごとに地面の温度を調べたものです。地面の温度の変わり方を，折れ線グラフに表しなさい。

地面の温度の変わり方

時こく　(時)	午前 8	9	10	11	12	午後 1	2	3
地面の温度(度)	16	17	19	23	24	22	21	18

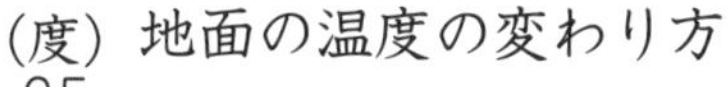

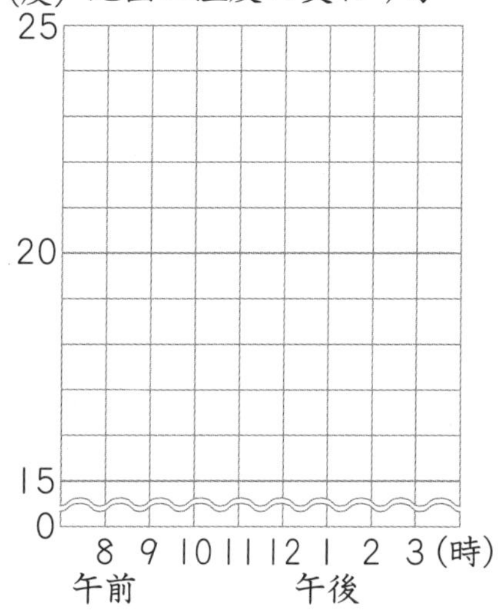

折れ線グラフで，グラフの1目もりの大きさは，表のいちばん大きい数といちばん小さい数を見て，決めるようにします。少しあけて，きりのよい数を書きこむと，見やすくなります。グラフの横のじくとたてのじくの数の組を表すように点をうち，点を順(じゅん)に直線でつなぎます。

月　　日	答え ➡ 別さつ13ページ

ステップ 2

時間 30分　合かく 80点　とく点　　点

1 次のことがらを，ぼうグラフか折れ線グラフで表します。ぼうグラフに表すとよいものには○を，折れ線グラフに表すとよいものには×を書きなさい。(25点/1つ5点)

(1) 県ごとの米の取れ高　〔　　〕

(2) ひろしさんの１年生から６年生までの学年ごとの身長　〔　　〕

(3) 同じ時こくに調べたいろいろな場所の気温　〔　　〕

(4) 病気の人の１日の体温　〔　　〕

(5) すみれさんの町の毎年の人口　〔　　〕

2 下の表は，まなぶさんがかぜをひいたときの，２日間の体温の変わり方を６時間ごとに調べたものです。(30点/1つ15点)

２日間の体温の変わり方

時こく(時)	１日目				２日目			
	午前 6	12	午後 6	12	午前 6	12	午後 6	12
体温(度)	38.2	38.7	39.3	39.0	38.3	37.5	37.2	37.1

(1) 体温の変わり方を，折れ線グラフに表しなさい。

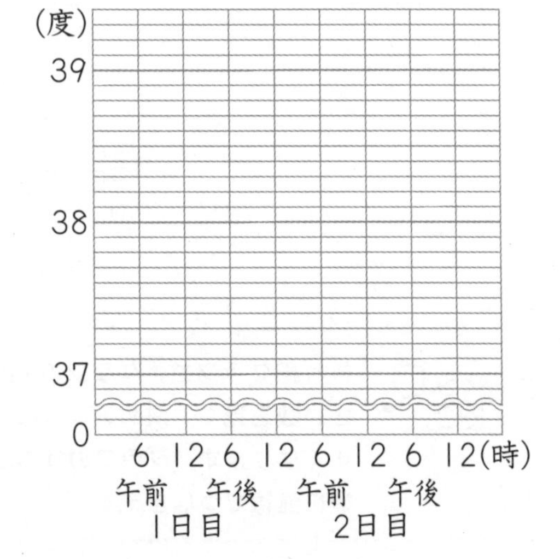

(2) 体温の変わり方がいちばん大きいのは，何日目の何時から何時までの間ですか。

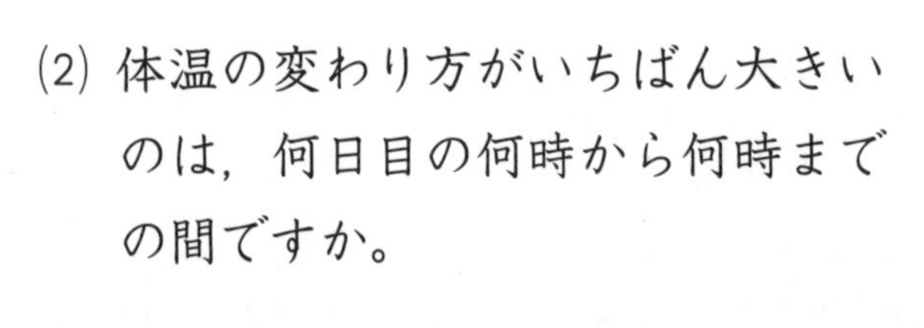

〔　　　　〕

3 下の表は，5月に生まれたある赤ちゃんの，月ごとの体重の変わり方を調べたものです。(30点/1つ10点)

体重の変わり方(毎月10日調べ)

月	5	6	7	8	9
体重(kg)	3.6	4.2	6.0	7.0	7.4

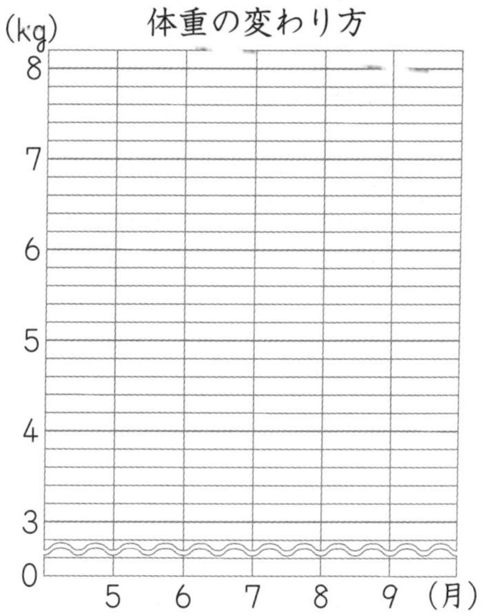

(1) 右の折れ線グラフのたてのじくの1目もりは何kgですか。

〔　　　　　〕

(2) 体重の変わり方を，折れ線グラフに表しなさい。

(3) 赤ちゃんの体重のふえ方がいちばん大きいのは，何月から何月までの間ですか。

〔　　　　　〕

4 かおるさんは，下の表のようにある場所の1日の気温の変わり方を調べ，これを折れ線グラフに表すことにしました。たてのじくの㋐，㋑，㋒にあてはまる数を答えなさい。(15点/1つ5点)

気温の変わり方

時こく(時)	気温(度)
午前　9	21
10	24
11	25
12	30
午後　1	32
2	36
3	33
4	26
5	18

(度)　気温の変わり方

㋐

㋑

㋒

0

9 10 11 12 1 2 3 4 5 (時)

午前　午後

㋐〔　　　〕 ㋑〔　　　〕 ㋒〔　　　〕

月　日　答え ➡ 別さつ13ページ

整理のしかた

ステップ 1

1 次の表は，まさしさんの学校の４年生のけがの記録(きろく)を調べたものです。

けがをした人の記録

名前	場所	けがの種類(しゅるい)
大田	運動場	切りきず
中島	体育館	すりきず
村田	ろうか	つき指
山中	運動場	ねんざ
東村	運動場	切りきず
川野	教室	すりきず
野口	運動場	打ぼく
村西	体育館	ねんざ
島田	ろうか	すりきず

名前	場所	けがの種類
中西	教室	すりきず
中本	運動場	すりきず
森山	体育館	切りきず
田中	体育館	つき指
安田	ろうか	打ぼく
山下	体育館	すりきず
川村	ろうか	打ぼく
野村	運動場	つき指
高本	教室	切りきず

(1) けがをした場所とけがの種類を下の表にまとめなさい。

けがをした場所とけがの種類　(人)

種類 / 場所	すりきず	打ぼく	つき指	ねんざ	切りきず	合計
運動場						
ろうか						
教室						
体育館						
合計						

(2) どこの場所で起きたけががいちばん多いですか。

〔　　　　〕

(3) どんな種類のけががいちばん多いですか。

〔　　　　〕

2 あゆみさんのはんで，犬かねこをかっているかどうかを調べたところ，右のような結果(けっか)になりました。
○はかっていることを表し，×はかっていないことを表しています。

名　前	犬	ね　こ
あゆみ	○	×
かずこ	×	×
けいた	○	×
はるお	○	○
まさし	×	○
ゆ　き	×	×
よしえ	○	×

(1) 下の表の空いているところに，人数を書き入れなさい。

かっているもの調べ　　（人）

		ねこ かっている	ねこ かっていない	合　計
犬	かっている	1		
	かっていない			
合　計				

(2) 犬だけをかっている人は何人ですか。

〔　　　　〕

(3) 犬もねこもかっていない人は何人ですか。

〔　　　　〕

(4) ねこをかっている人は何人ですか。

〔　　　　〕

(5) 犬かねこをかっている人は何人ですか。

〔　　　　〕

2つのことがらを調べる表をつくるときは，しりょうの数を正の字で調べてから，数字を表に書き入れていきます。数字を表に書き入れたら，必(かなら)ず合計を求(もと)めて，数え落としや重なりがないかどうか，たしかめるようにします。

月　日　答え ➡ 別さつ14ページ

ステップ 2

時間 30分
合かく 80点
とく点　　点

1 右の表は，のぞみさんの組のほけん調べで，めがねをかけている人と虫歯のある人について調べたものです。(15点/1つ5点)

ほけん調べ　(人)

		めがね		合計
		かけている	かけていない	
虫歯	ある	8	12	
	ない	3	10	
合計				

(1) 表の空いているところに人数を書き入れなさい。

(2) めがねをかけている人は何人ですか。

〔　　　　〕

(3) 虫歯のない人は何人ですか。

〔　　　　〕

2 右の表は，4年1組で工作に使った材料(ざいりょう)を調べたものです。(25点/1つ5点)

工作に使った材料調べ　(人)

		色紙		合計
		使った	使っていない	
毛糸	使った		8	26
	使っていない	9		
合計			12	

(1) 表の空いているところに人数を書き入れなさい。

(2) 色紙と毛糸の両方を使った人は何人ですか。

〔　　　　〕

(3) 毛糸を使っていない人は何人ですか。

〔　　　　〕

(4) 色紙か毛糸のどちらか一方だけを使った人は何人ですか。

〔　　　　〕

(5) 4年1組の人数は，みんなで何人ですか。

〔　　　　〕

3 ある日の水族館の入場者数は，次のとおりでした。(40点/1つ10点)

おとな ……………142人
子ども ……………187人
男の人 ……………115人
おとなの女の人……98人

水族館の入場者数調べ　(人)

	男の人	女の人	合　計
おとな			
子ども			
合　計			

(1) 右の表に人数を書き入れなさい。

(2) おとなの男の人の入場者数は何人ですか。

〔　　　　〕

(3) 女の人の入場者数は何人ですか。

〔　　　　〕

(4) この日の水族館の入場者数は何人ですか。

〔　　　　〕

4 子ども会でハイキングに行くので，38人分の昼食の注文をとりました。おべん当は，おすしとサンドイッチがあり，飲み物は，ウーロン茶とジュースがあります。おすしを注文した人は21人で，そのうち19人はウーロン茶を注文しています。ジュースを注文した人は14人です。(20点/1つ10点)

(1) 右の表に調べた人数をまとめなさい。

(2) サンドイッチとウーロン茶を注文した人は何人ですか。

〔　　　　〕

昼食の注文調べ　(人)

おべん当 / 飲み物	おすし	サンドイッチ	合　計
ウーロン茶			
ジュース			
合　計			

12 変わり方

ステップ 1

1 下の図のように，おはじきを正方形の形にならべます。

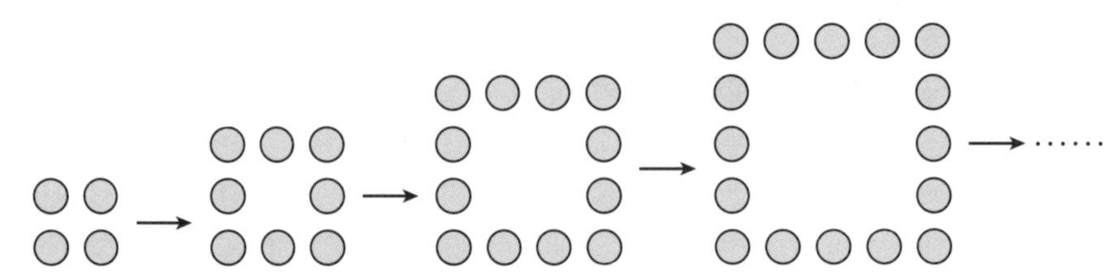

(1) 正方形の１辺のおはじきのこ数をふやしていくと，全部のおはじきのこ数はどのように変わるか，表に書いて調べます。表の空いているところに数を書き入れなさい。

おはじきの１辺のこ数と全部のこ数

１辺のこ数(こ)	2	3	4	5	
全部のこ数(こ)	4	8			

(2) １辺のこ数が３こから４こにふえると，全部のこ数は何こふえますか。また，１辺のこ数が４こから５こにふえると，全部のこ数は何こふえますか。

３こから４こ〔　　　　〕　４こから５こ〔　　　　〕

(3) １辺のこ数が１こふえると，全部のこ数は何こふえますか。

〔　　　　〕

(4) 辺のこ数が10この正方形をつくるには，おはじきは全部で何こ必要ですか。

〔　　　　〕

2 長さ20cmのはり金を折り曲げて長方形の形をつくります。

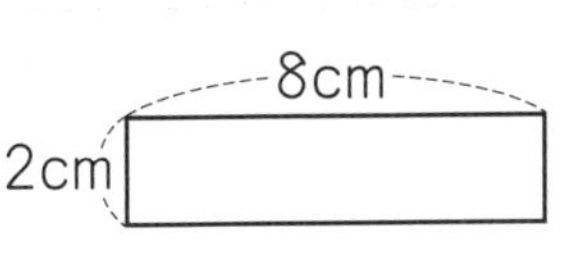

(1) 長方形のたてと横の長さがどのように変わるか，表に書いて調べます。表の空いているところに数を書き入れなさい。

長方形のたてと横の長さ

たての長さ(cm)	1	2	3	4	5	
横の長さ(cm)	9	8				

(2) たてが1cm長くなると，横の長さはどのように変わりますか。

〔　　　　　　　　　　〕

(3) たての長さを□cm，横の長さを○cmとして，□と○の関係を式に表しなさい。

〔　　　　　　　　　　〕

3 下の表は，水そうに水を入れたときにかかった時間と，水そうに入った水の量を表したものです。

時間(分)	0	4	8	12	
水の量(L)	0	3	6	9	

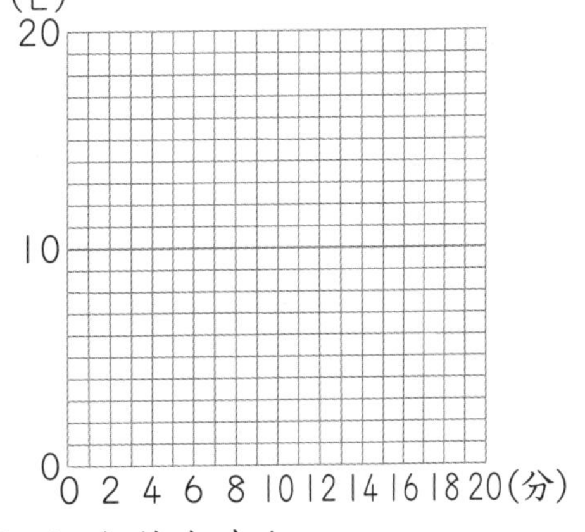

(1) 時間と水の量の関係について，右のグラフに表しなさい。

(2) 水を20分入れたとき，水そうの水は何Lになりますか。

〔　　　　　〕

1つの量が変わるとそれにともなって変わる量を調べて，その2つの量の関係を，□と○を使った式やグラフで表します。式やグラフに表して，2つの量の変わり方のきまりをみつけられるようにします。

月　日　答え ➡ 別さつ15ページ

ステップ 2

時間 30分　合かく 80点　とく点　点

1 下の表は，階だんを上がるときのだんの数と，下からの高さを調べたものです。(30点/1つ10点)

だんの数と下からの高さ

だんの数(だん)	1	2	3	4	
下からの高さ(cm)	15	30	45	60	

(1) だんの数を□だん，下からの高さを○cmとして，□と○の関係(かんけい)を式に表しなさい。

〔　　　　〕

(2) 30だん上がったときの下からの高さは何cmですか。

〔　　　　〕

(3) 下から360cmの高さに上がるには，階だんを何だん上がればよいですか。

〔　　　　〕

2 長さ15cmのろうそくがもえるとき，もえた長さを□cm，残(のこ)った長さを○cmとします。(16点/1つ8点)

(1) 下の表の空いているところに数を書き入れなさい。

ろうそくのもえた長さと残りの長さ

もえた長さ□(cm)	0	3	6	9	12	15
残った長さ○(cm)						

(2) □と○の関係を式に表しなさい。

〔　　　　〕

3 2つのばねア，イがあり，ばねアは30cmから45cmまで，ばねイは12cmから24cmまでのびます。どちらのばねがよくのびますか。

(10点)

〔　　　　〕

4 下の表は，かずおさんとお父さんの年れいを表にしたものです。

(24点/1つ8点)

かずおさんとお父さんの年れい

かずおさんの年れい（才）	5	10	15	20	
お父さんの年れい　（才）	32	37			

(1) 上の表の空いているところに数を書き入れなさい。

(2) かずおさんの年れいを□才，お父さんの年れいを○才として，□と○の関係を式に表しなさい。

〔　　　　　　　　〕

(3) かずおさんは今，8才です。お父さんが55才になるのは，今から何年後ですか。

〔　　　　　　　　〕

5 右の図のように，カードを1列にならべて，そのまわりにおはじきをならべます。(20点/1つ10点)

(1) カードのまい数を1まい，2まい，3まい，……とふやしていくと，おはじきのこ数はどのように変わるか，表に書いて調べます。表の空いているところに数を書き入れなさい。

カードのまい数とおはじきのこ数

カードのまい数(まい)	1	2	3	4	
おはじきのこ数　（こ）	4				

(2) おはじきを26こならべたときの，カードのまい数は何まいですか。

〔　　　　　　　　〕

ステップ 3

月　日　答え ➡ 別さつ15ページ

時 間 30分　合かく 80点　とく点　点

1 1から60までの整数について，次の問いに答えなさい。

(1) 3でわり切れる整数は，全部で何こありますか。(8点)

〔　　　　　〕

(2) 3でも5でもわり切れる整数は，全部で何こありますか。(10点)

〔　　　　　〕

(3) (1)，(2)も参考(さんこう)にして，下の表にこ数を書き入れなさい。(12点)

		3でわる		合　計
		わり切れる	わり切れない	
5でわる	わり切れる			
	わり切れない			
合　計				

(4) 3でも5でもわり切れない整数は，全部で何こありますか。(10点)

〔　　　　　〕

2 右の図のように，青と白の正方形の紙をならべます。

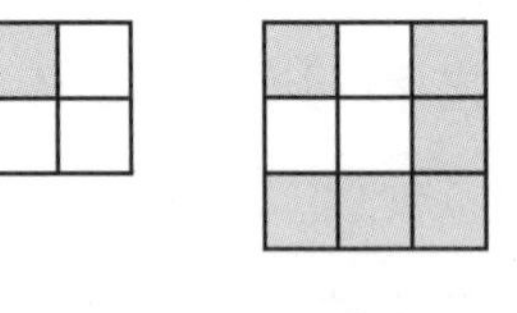

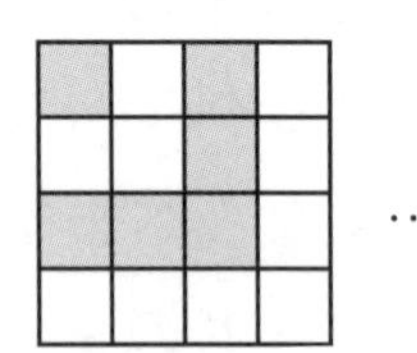

1番目　2番目　3番目　4番目　……

(1) 1番目，2番目，3番目，……とならべていくと，紙のまい数はどのように変(か)わるか，表に書いて調べます。下の表の空いているところに数を書き入れなさい。(12点)

青と白の正方形の紙のまい数

	1番目	2番目	3番目	4番目	5番目	
青(まい)	1					
白(まい)	0					

(2) 12番目の青と白の正方形の紙は，それぞれ何まいですか。(10点)

青〔　　　　　〕　白〔　　　　　〕

3 2019年から2020年の札幌（さっぽろ）の積雪（せきせつ）は記録的（きろくてき）に少ないといわれていましたが，急に雪がふえた時期がありました。下の表はその時期の積雪の記録です。

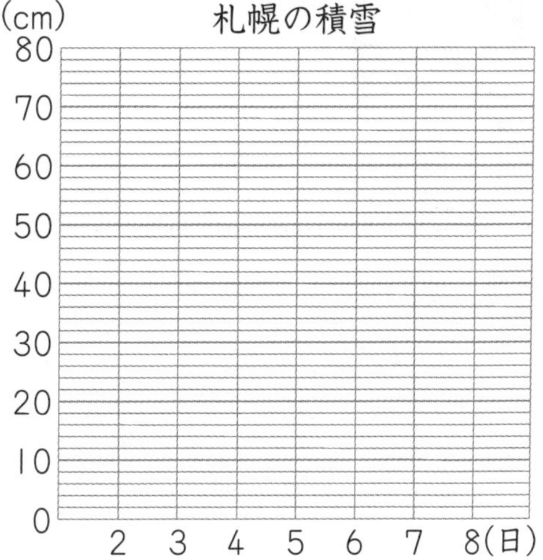

札幌の積雪（2020年）

2月（日）	2	3	4	5	6	7	8
積雪（cm）	23	37	48	79	79	64	68

(1) 2020年2月2日から2月8日までの積雪の変わり方を折（お）れ線（せん）グラフに表しなさい。（8点）

(2) 1日の間に最（もっと）も積雪がふえたのは，何日と何日の間で，何cmふえましたか。（10点）

［　　　　　　　　　　　　　　　　　　］

(3) 右の表は2月2日から2月8日の札幌の平年の積雪の記録です。平年とは，それまでの30年分のようすをまとめたものです。積雪の変わり方を上のグラフに折れ線グラフで表しなさい。（8点）

札幌の積雪（平年）

2月（日）	2	3	4	5	6	7	8
積雪（cm）	66	67	68	69	70	70	71

(4) 2020年と平年のそれぞれの日について，2020年の積雪が平年の何倍になっているかを，小数第三位（しょうすうだいさんい）を四捨五入（ししゃごにゅう）して小数第二位までのがい数で表したとき，最も大きいあたいになるのは何日で，平年の何倍ですか。求（もと）め方に，その日だと考えた理由や計算も書きなさい。（12点）

（求め方）

［　　　　　　　］日で，平年の［　　　　　　　］倍

月　　日　答え ➡ 別さつ16ページ

13 角の大きさ

ステップ1

1 次の□にあてはまる数を書きなさい。

(1) 直角の大きさは□°です。

(2) 半回転の角の大きさは□°です。

(3) 1回転の角の大きさは□°です。

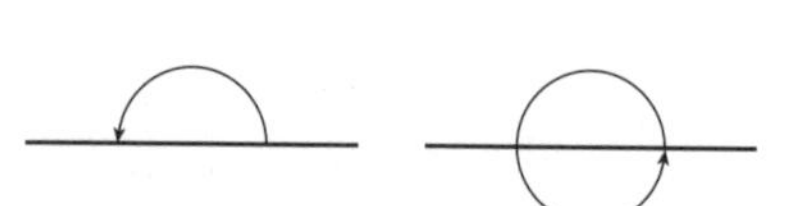

2 次の角度を，分度器(ぶんどき)を使ってはかりなさい。

(1)

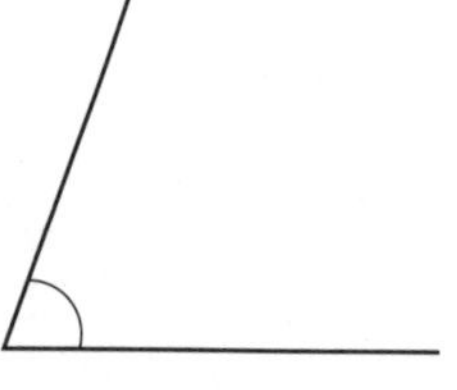

〔　　〕

(2)

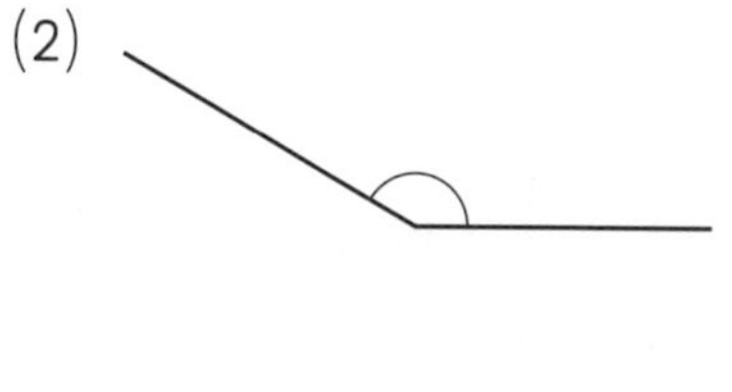

〔　　〕

(3)

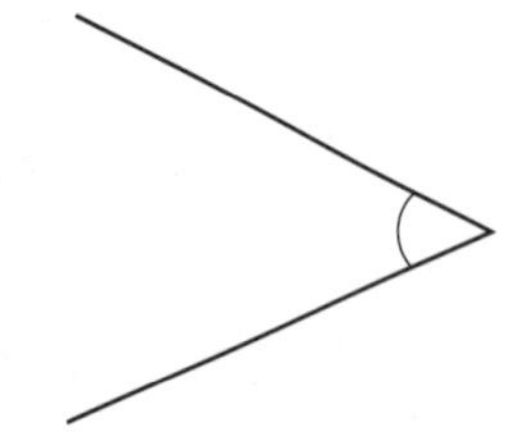

〔　　〕

(4)

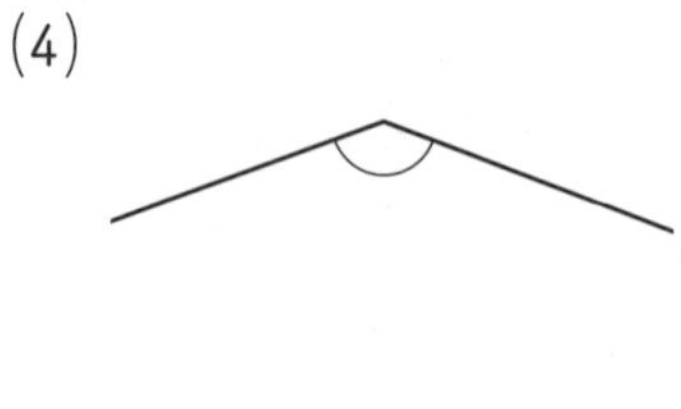

〔　　〕

3 次の三角じょうぎの角の大きさをそれぞれ求(もと)めなさい。

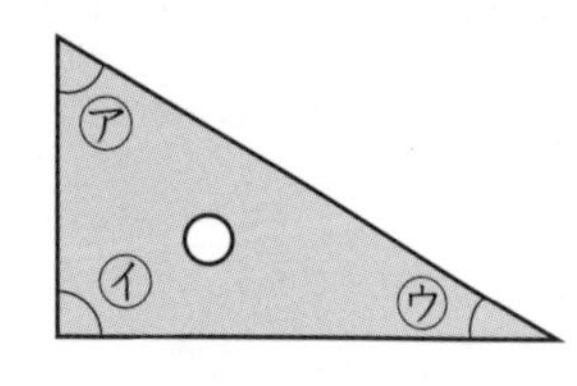

㋐〔　　〕 ㋑〔　　〕 ㋒〔　　〕

㋓〔　　〕 ㋔〔　　〕 ㋕〔　　〕

4 次の角度を，分度器を使ってはかりなさい。

(1)

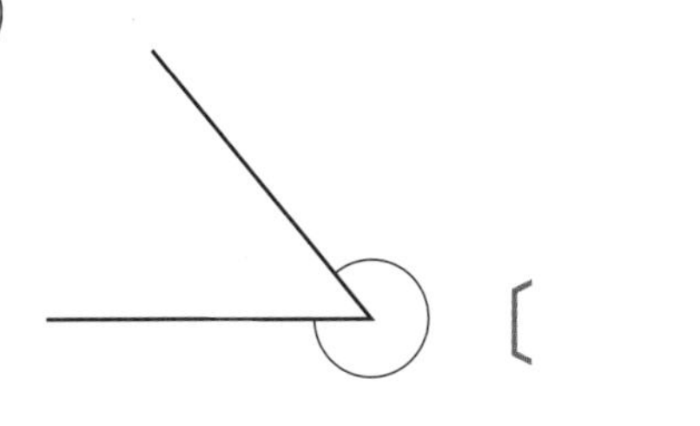

〔　　　〕

(2)

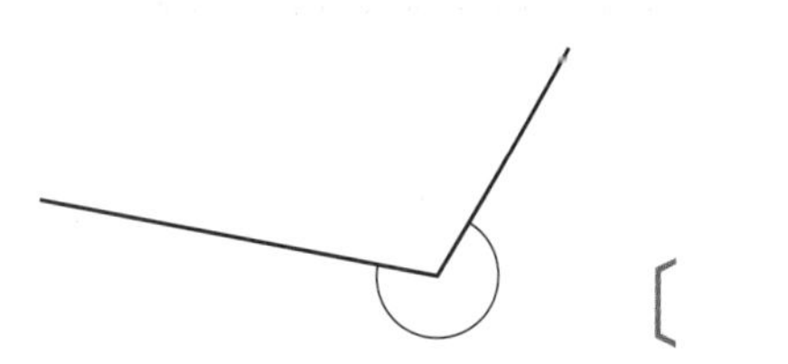

〔　　　〕

5 次の大きさの角をかきなさい。

(1) 20°

(2) 75°

(3) 135°

(4) 300°

6 右の図のように，2本の直線が交わっています。
㋐，㋑の角度を，分度器を使わないで求めなさい。

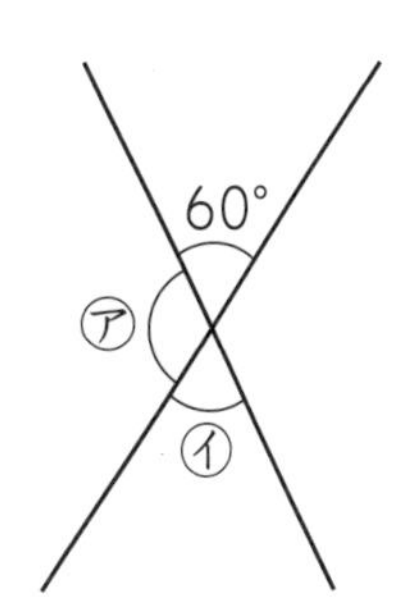

㋐〔　　　　　〕 ㋑〔　　　　　〕

角の大きさのことを，角度ともいいます。角度は，辺(へん)の長さに関係(かんけい)なく，辺の開きぐあいで決まります。半回転をこえる角度をはかるときは，180°よりどれだけ大きいかをみたり，360°よりどれだけ小さいかをみたりして求めます。

月　　日　答え ➡ 別さつ17ページ

時間 30分　合かく 80点　とく点　　点

1 次の角度を，分度器を使ってはかりなさい。（10点/1つ5点）

(1)

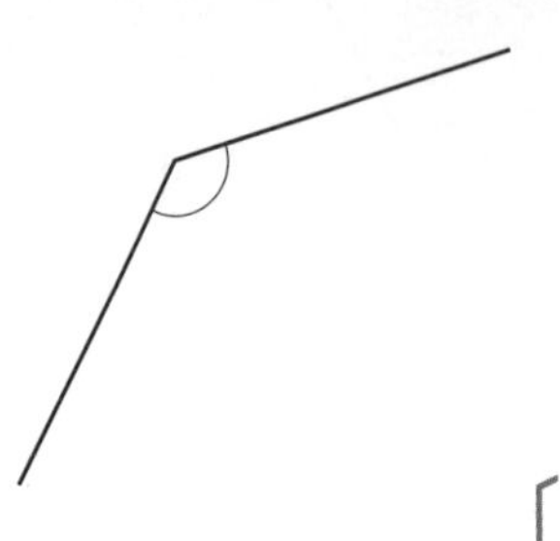

〔　　　〕

(2)

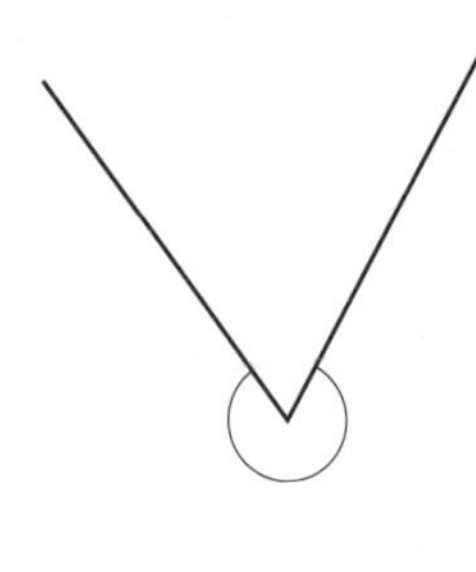

〔　　　〕

2 次の㋐～㋖の角度を，分度器を使わないで求めなさい。

（36点/1つ6点，㋑，㋒は1つ3点）

(1)

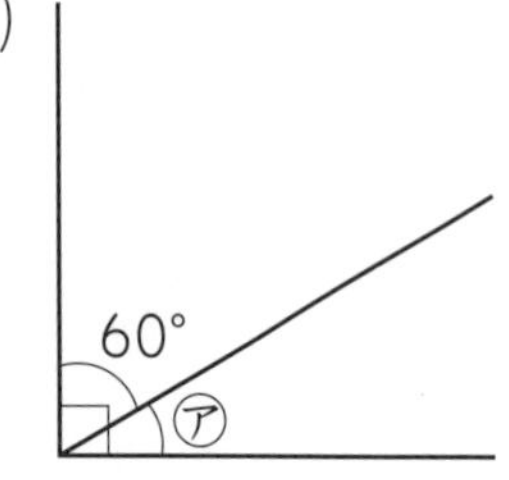

㋐〔　　　〕

(2)

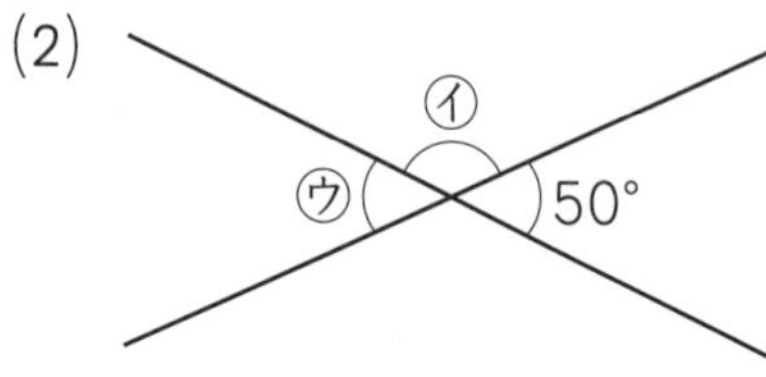

㋑〔　　　〕　㋒〔　　　〕

(3)

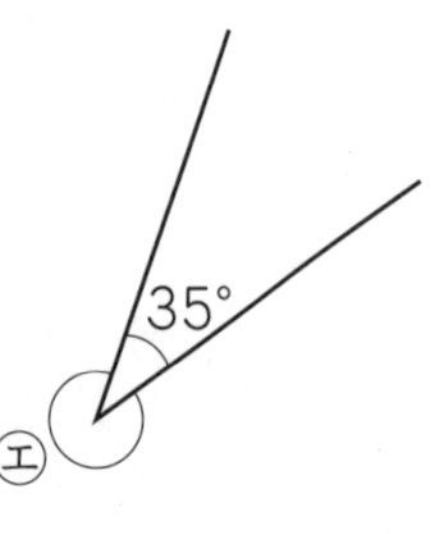

㋓〔　　　〕

(4)

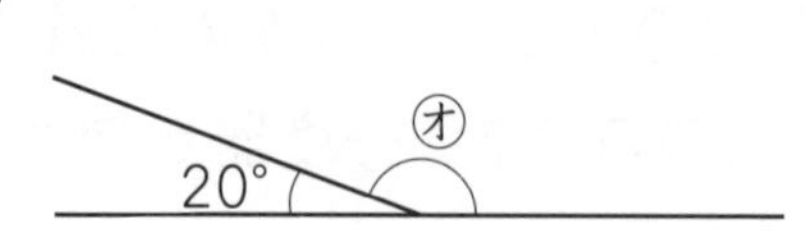

㋔〔　　　〕

(5)

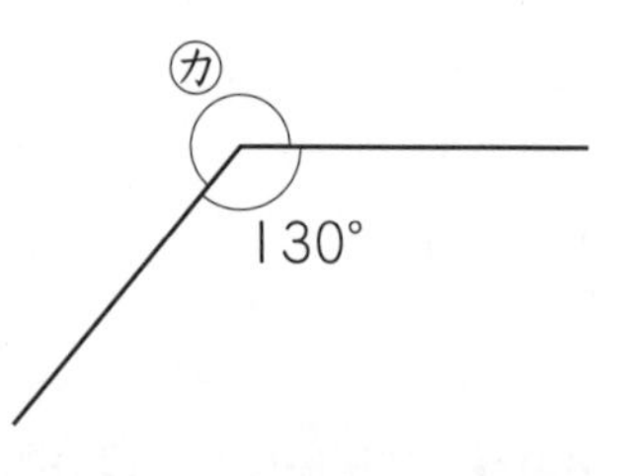

㋕〔　　　〕

(6)

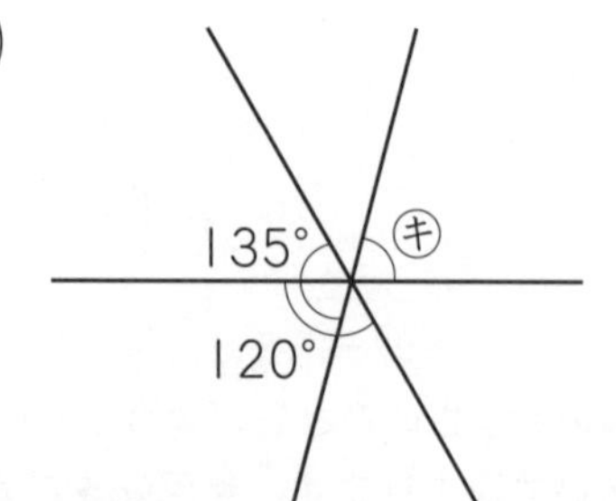

㋖〔　　　〕

3 １組の三角じょうぎを次のように組み合わせました。㋐〜㋗の角度を求めなさい。(40点/1つ5点)

(1)

㋐［　　　］

(2)

㋑［　　　］　㋒［　　　］

(3)

㋓［　　　］　㋔［　　　］

(4)

㋕［　　　］

(5)

㋖［　　　］

(6)

㋗［　　　］

4 次の問いに答えなさい。(14点/1つ7点)

(1) 右の時計で，長いはりと短いはりがつくる角のうち，大きいほうの角度を求めなさい。

［　　　］

(2) 時計の長いはりが，１時間にまわる角度を求めなさい。

［　　　］

14 垂直と平行

ステップ1

1 □にあてはまることばを書きなさい。

右の図で，直線㋐と直線㋑は［　　］で，直線㋑と直線㋒は［　　］です。

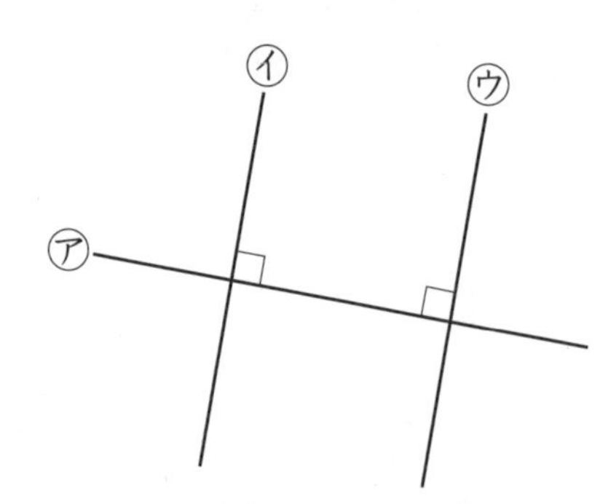

2 下の図で，直線アと垂直になっている直線を記号ですべて答えなさい。

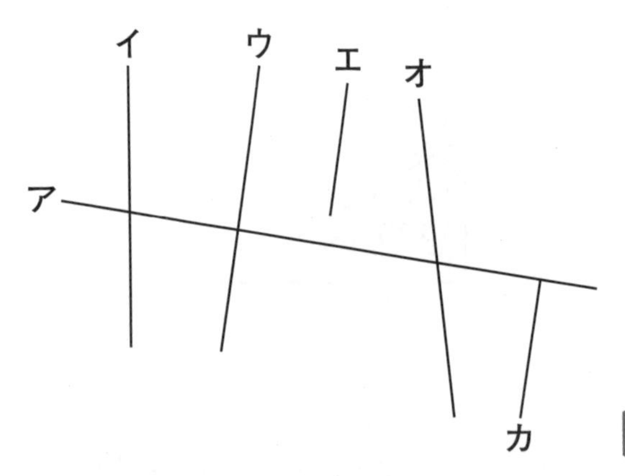

〔　　　　〕

3 下の図で，平行な直線はどれとどれですか。記号ですべて答えなさい。

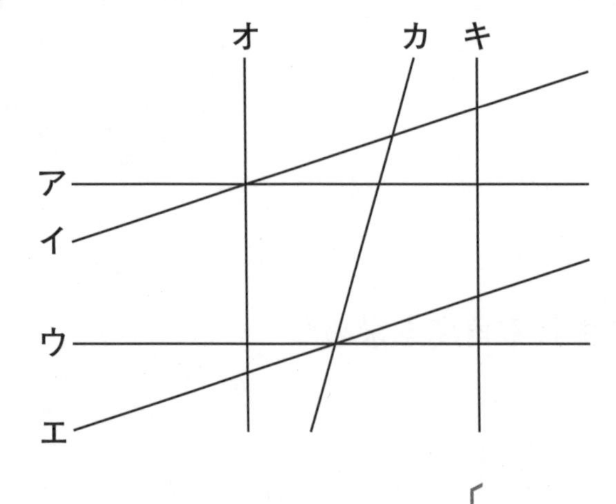

〔　　　　〕

4 点Aを通って直線㋐に垂直な直線㋑と，点Aを通って直線㋐に平行な直線㋒をかきなさい。

(1)

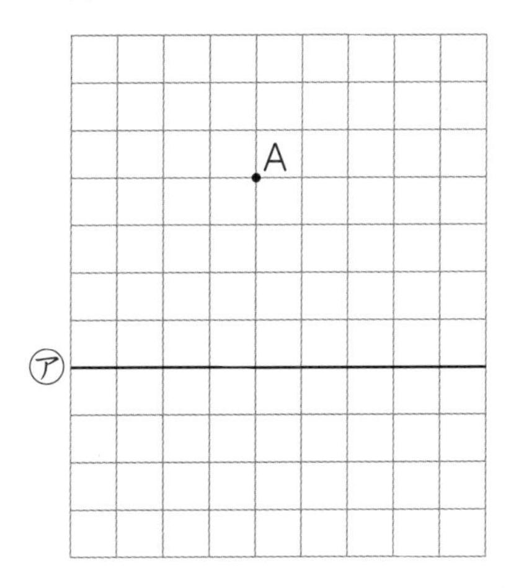

(2)

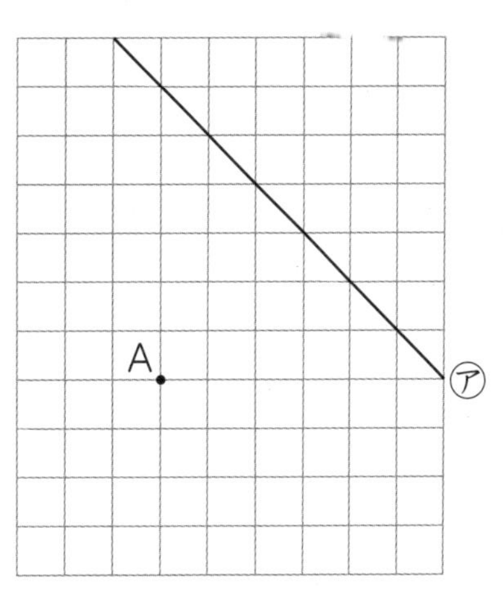

5 右の図で，直線㋕と直線㋖は平行です。直線アイと直線ウエは，それぞれ直線㋖に垂直です。

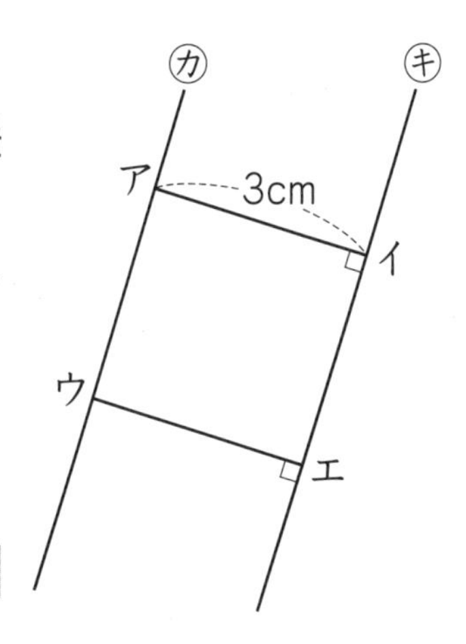

(1) 直線アイと直線ウエは平行であるといえますか。

〔　　　　　　〕

(2) 直線ウエの長さは何cmですか。

〔　　　　　　〕

(3) 直線㋕と直線㋖のはばは，何cmですか。

〔　　　　　　〕

1本の直線に垂直な2本の直線は，平行であるといえます。平行な2本の直線はどこまでのばしても交わることはなく，その間の長さ（はば）はどこも等しくなります。

1 点Aを通って直線㋐に垂直（すいちょく）な直線をかきなさい。(20点/1つ10点)

(1)　　(2)

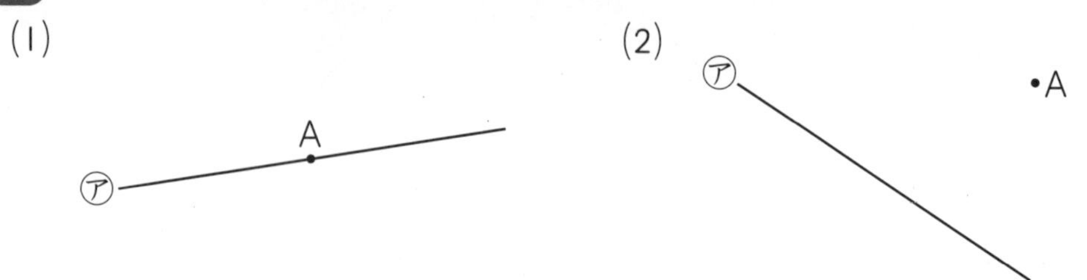

2 点Aを通って直線㋐に平行な直線をかきなさい。(20点/1つ10点)

(1)　　(2)

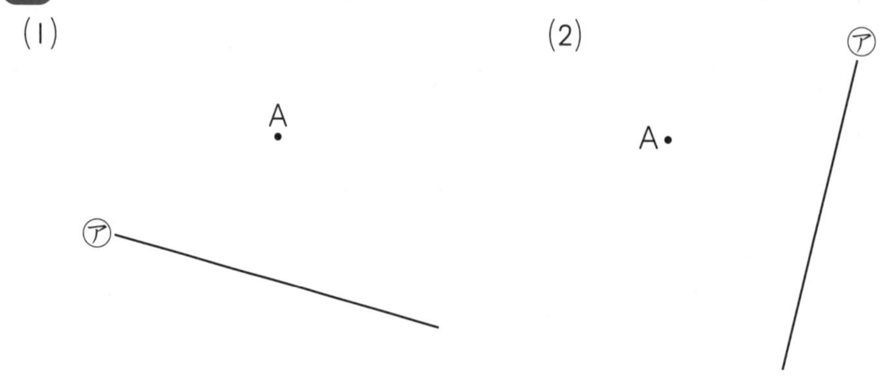

3 直線㋐に平行で，直線㋐から2cmはなれている直線を2本かきなさい。(10点)

㋐

4 右の図で，垂直な直線はどれとどれですか。記号ですべて答えなさい。(10点)

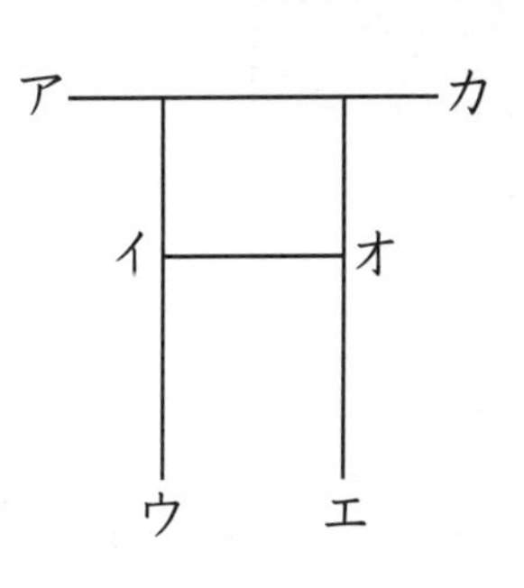

5 右の長方形ABCDについて，次の問いに答えなさい。(20点/1つ10点)

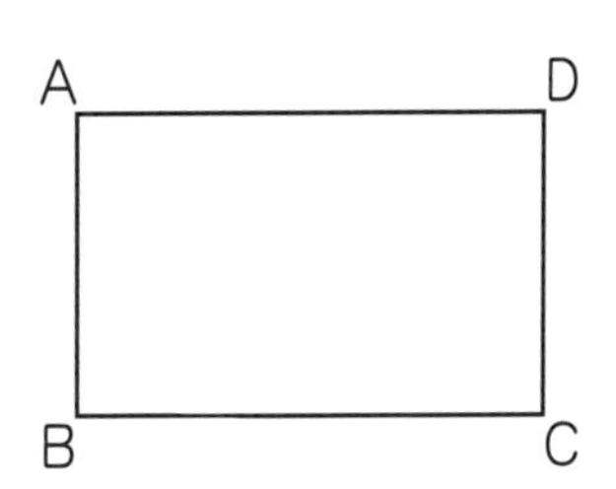

(1) 垂直になっている辺(へん)の組を記号ですべて答えなさい。

〔　　　　〕

(2) 平行になっている辺の組を記号ですべて答えなさい。

〔　　　　〕

6 次の四角形をかきなさい。(20点/1つ10点)

(1) たて3cm，横6cmの長方形アイウエ

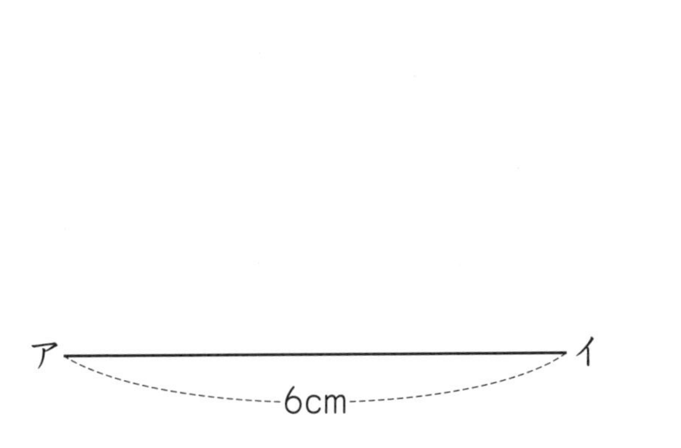

(2) 1辺の長さが4cmの正方形アイウエ

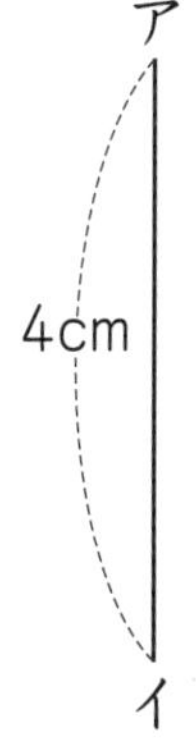

月　日　答え ➡ 別さつ18ページ

15 四角形

ステップ 1

1 次の □ にあてはまることばを書きなさい。

(1) 4つの角が直角である四角形を，□ といいます。

(2) 向かいあった1組の辺(へん)が平行な四角形を，□ といいます。

(3) 向かいあった2組の辺がそれぞれ平行な四角形を，
□ といいます。

(4) 4つの辺の長さがすべて等しい四角形を，□ といいます。

(5) 平行四辺形は，向かいあった □ の長さは等しく，また，向かいあった □ の大きさも等しくなっています。

2 下の四角形の中から，正方形，ひし形，平行四辺形，台形をすべて選(えら)んで，記号で答えなさい。ただし，同じ記号は1回しか選べません。

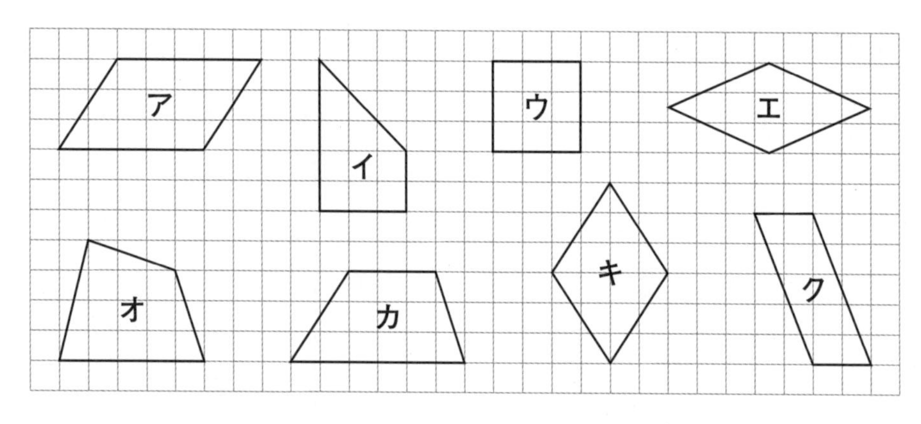

正方形〔　　〕ひし形〔　　〕平行四辺形〔　　〕台形〔　　〕

3 右の平行四辺形について，次の辺の長さや角の大きさを答えなさい。

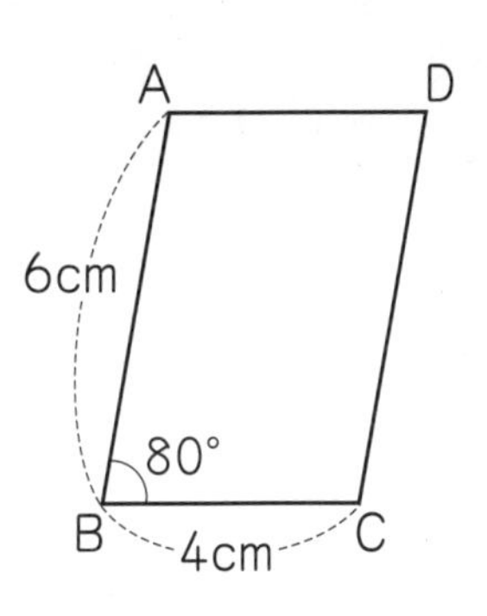

(1) 辺ADの長さ 〔　　　　　　〕

(2) 辺CDの長さ 〔　　　　　　〕

(3) 角Dの大きさ 〔　　　　　　〕

(4) 角Cの大きさ 〔　　　　　　〕

4 次のような四角形をかきなさい。

(1) 平行四辺形

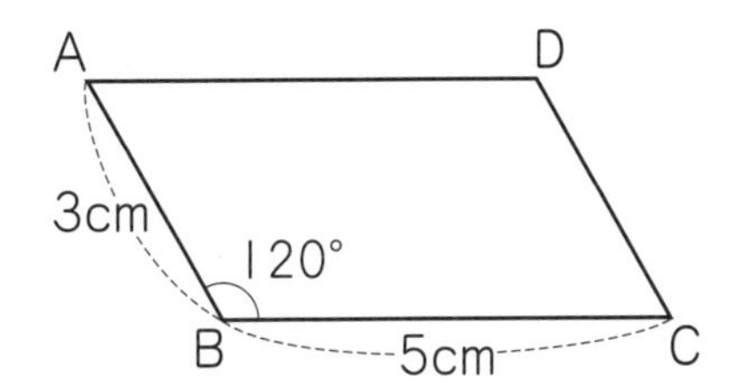

(2) ひし形

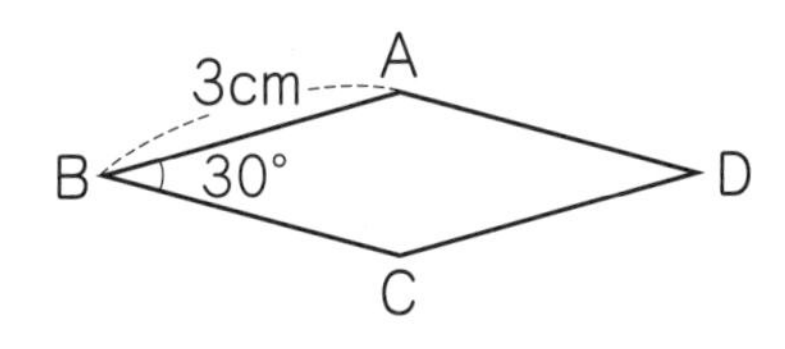

向かいあった辺が平行かどうか，辺の長さが等しいかどうかを見れば，台形・平行四辺形・ひし形を見分けられます。また，平行四辺形とひし形では，向かいあった角の大きさが等しくなります。ひし形は平行四辺形の特別(とくべつ)な形です。

月　日　答え ➡ 別さつ19ページ

ステップ 2

時間 30分
合かく 80点
とく点　　点

1 台形，平行四辺形，ひし形，長方形，正方形の中で，次のことがらがあてはまる四角形をすべて答えなさい。(25点/1つ5点)

(1) 向かいあった2組の辺が平行な四角形

[　　　　　　　　]

(2) 4つの辺の長さが等しい四角形

[　　　　　　　　]

(3) 2本の対角線の長さが同じ四角形

[　　　　　　　　]

(4) 2本の対角線が垂直に交わる四角形

[　　　　　　　　]

(5) 2本の対角線が交わった点で，それぞれの対角線が2等分される四角形

[　　　　　　　　]

2 右の平行四辺形について，次の問いに答えなさい。(20点/1つ10点)

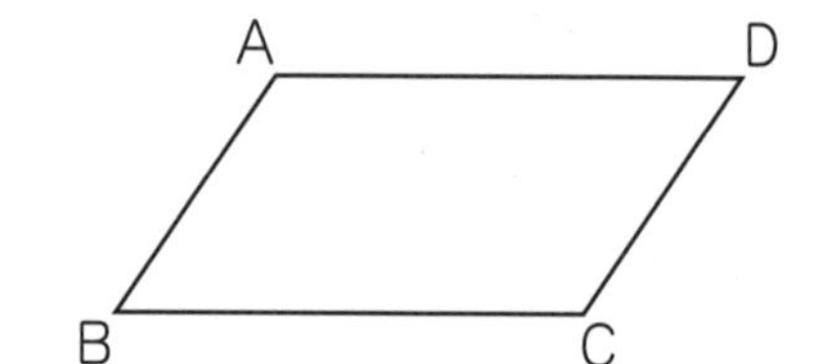

(1) 辺ABと長さが等しい辺はどれですか。

[　　　　]

(2) 大きさの等しい角はどれとどれですか。記号ですべて答えなさい。

[　　　　　　　　]

3 下の図の直線ACと直線BDは，四角形の対角線を表しています。頂(ちょう)点(てん)A，B，C，Dを順(じゅん)につないでできる四角形の名前を書きなさい。

（20点/1つ5点）

(1)

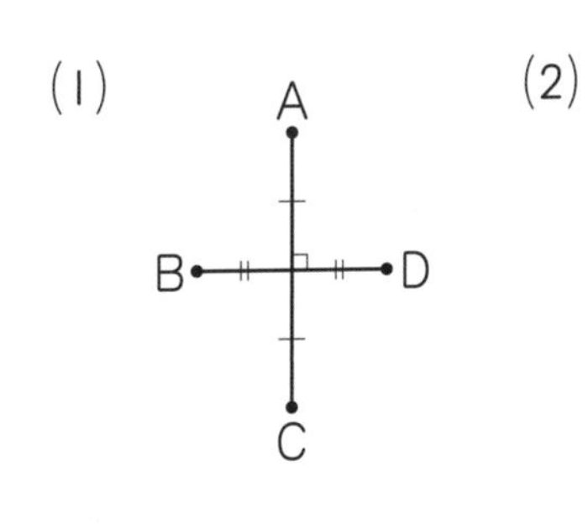

(2)

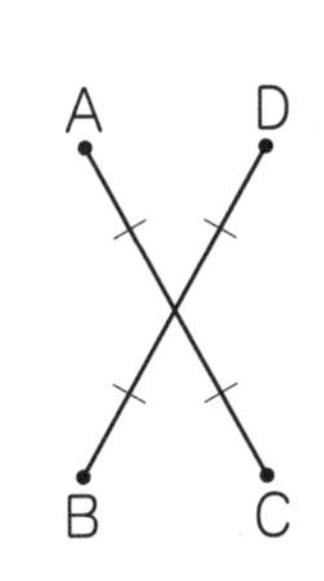

(3)

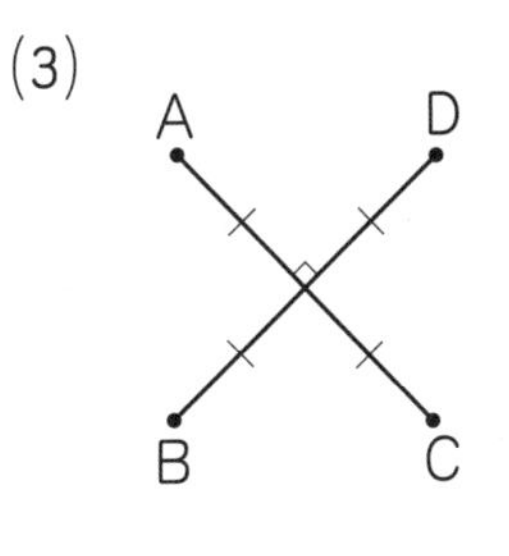

(4)

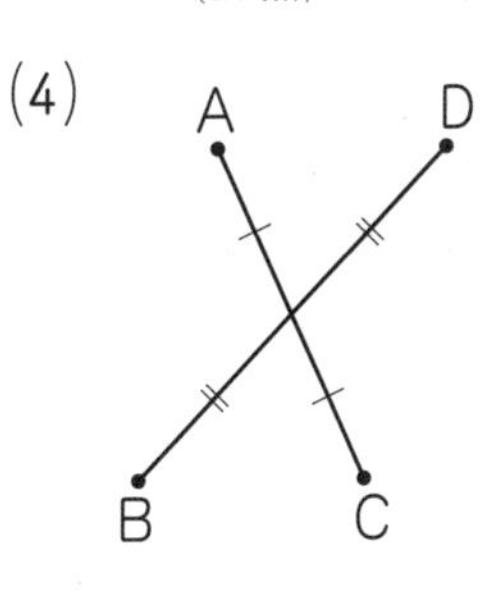

(1)［　　　　　　　　］(2)［　　　　　　　　］

(3)［　　　　　　　　］(4)［　　　　　　　　］

4 右の図のように紙を4つに折(お)ったものを，次の(1)，(2)のように切り取って広げたとき，どんな形ができますか。ただし，直線アエと直線ウエは同じ長さです。

（20点/1つ10点）

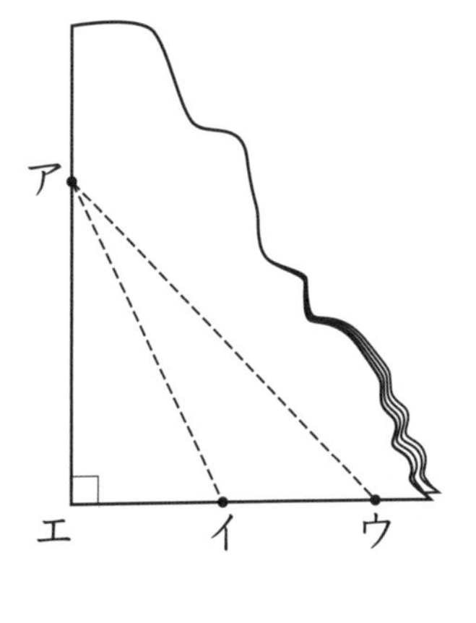

(1) 直線アイで切り取ったとき

［　　　　　　　　］

(2) 直線アウで切り取ったとき

［　　　　　　　　］

5 次の台形の頂点Aから直線を1本ひいて，平行四辺形をつくりなさい。

（15点）

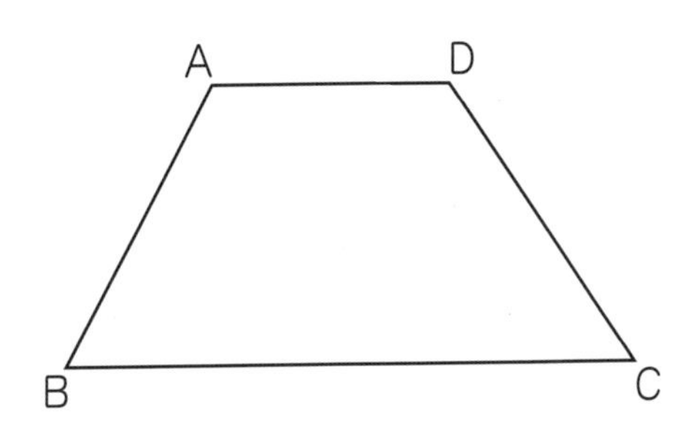

月　日　答え ➡ 別さつ20ページ

四角形の面積

ステップ 1

1 次の□にあてはまる単位を書きなさい。

(1) 1辺が1cmの正方形の面積は，1□です。

(2) 1辺が1mの正方形の面積は，1□です。

(3) 1辺が1kmの正方形の面積は，1□です。

(4) 1辺が10mの正方形の面積は，1□です。

(5) 1辺が100mの正方形の面積は，1□です。

2 次の正方形や長方形の面積を求めなさい。

(1)

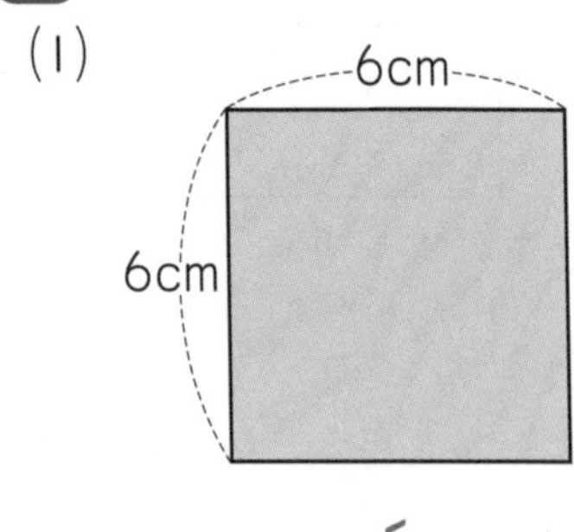

〔　　　　　〕

(2)

7cm

3cm

〔　　　　　〕

(3)

8m

10m

〔　　　　　〕

(4)

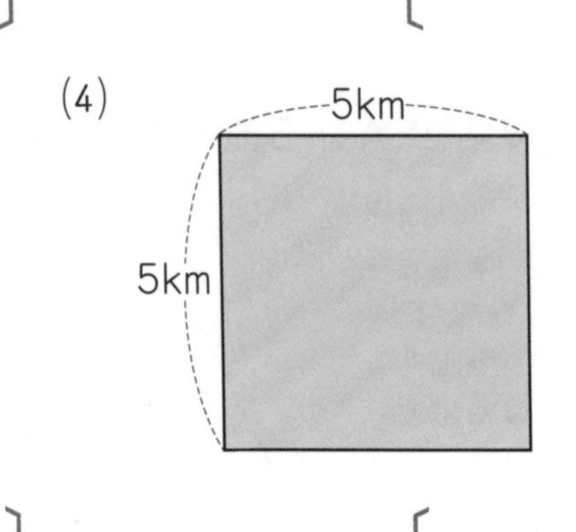

〔　　　　　〕

3 次の□にあてはまる数を書きなさい。

(1) $1 \mathrm{m}^2 =$ □ cm^2　(2) $1 \mathrm{km}^2 =$ □ m^2

(3) $1 \mathrm{a} =$ □ m^2　(4) $1 \mathrm{ha} =$ □ m^2

4 次の面積を(　)の中の単位で求めなさい。

(1) たて90 cm，横2 mの長方形のポスターの面積(cm^2)

〔　　　　　　〕

(2) 1辺が300 cmの正方形のじゅうたんの面積(m^2)

〔　　　　　　〕

(3) たて2 km，横3 kmの長方形の土地の面積(m^2)

〔　　　　　　〕

(4) 1辺が50 mの正方形の畑の面積(a)

〔　　　　　　〕

(5) たて1 km，横600 mの長方形の公園の面積(ha)

〔　　　　　　〕

かくにんしよう

cm^2，m^2，km^2，a，haはそれぞれ，1辺の長さが1 cm，1 m，1 km，10 m，100 mの正方形の面積と同じ広さを表すときの単位です。正方形や長方形の面積は，たてと横の長さの単位をそろえて，かけ算で求めます。

1 次の面積(めんせき)は，cm^2，m^2，km^2 のうちのどの単位(たんい)で表すとよいですか。

(20点/1つ5点)

(1) 学校の運動場の面積

〔　　　〕

(2) はがきの面積

〔　　　〕

(3) 日本の面積

〔　　　〕

(4) 教室の黒板の面積

〔　　　〕

2 面積が $4500\,cm^2$ の長方形のポスターをつくります。たての長さを60 cmにすると，横の長さは何cmになりますか。(10点)

〔　　　〕

3 ゆきさんは，長さ80 cmのはり金を折(お)り曲げて，正方形をつくりました。この正方形の面積は何 cm^2 ですか。(10点)

〔　　　〕

4 次の図形で，色のついた部分の面積を求(もと)めなさい。(20点/1つ10点)

(1)

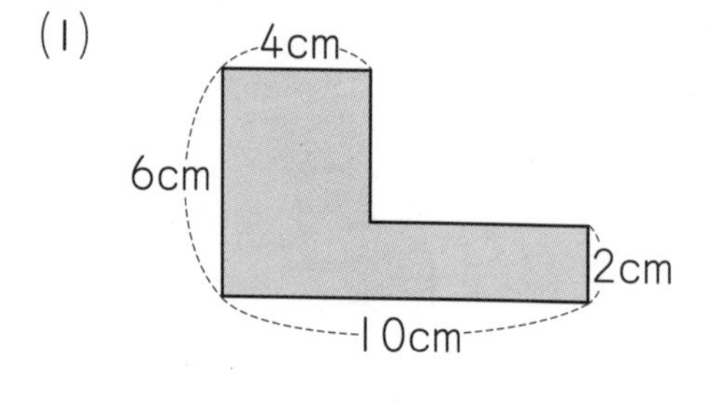

(2)

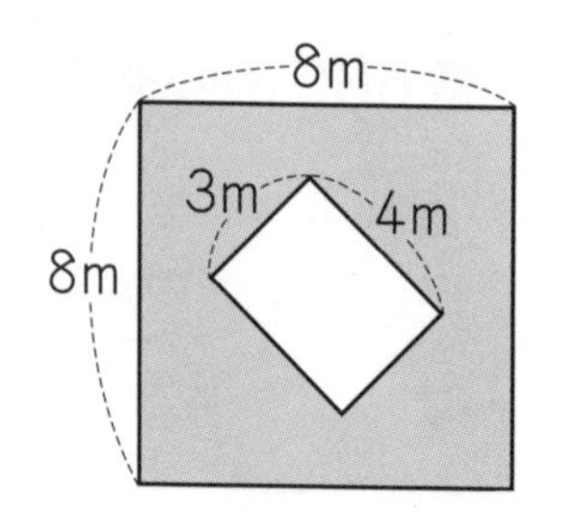

〔　　　〕　〔　　　〕

5 東西が600 m，南北が900 mの長方形の形をした土地があります。

(20点/1つ10点)

(1) この土地の面積は何haですか。

［　　　　　　］

(2) この土地と面積が同じで，横が800 mの長方形の形をした牧場(ぼくじょう)があります。牧場のたての長さは何mですか。

［　　　　　　］

6 右の図のように，1辺(ぺん)が30 cmの正方形の色紙2まいを，のりしろを2 cmにしてはりあわせました。できた紙の面積は何cm²になりますか。(10点)

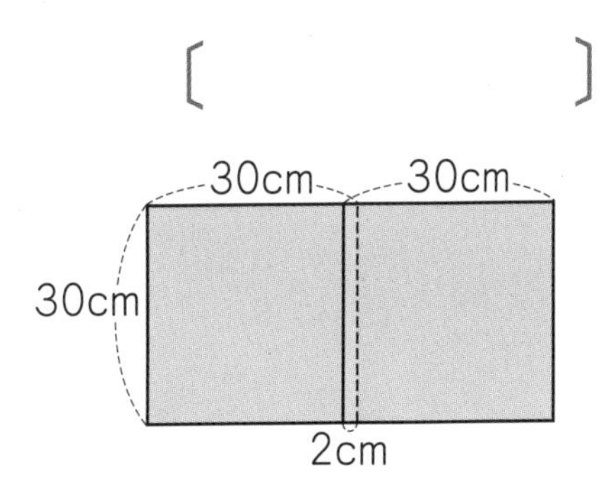

［　　　　　　］

7 右の図のように，たて28 m，横51 mの長方形の形をした畑に，はば3 mの道が通っています。道をのぞいた畑の面積は何aですか。(10点)

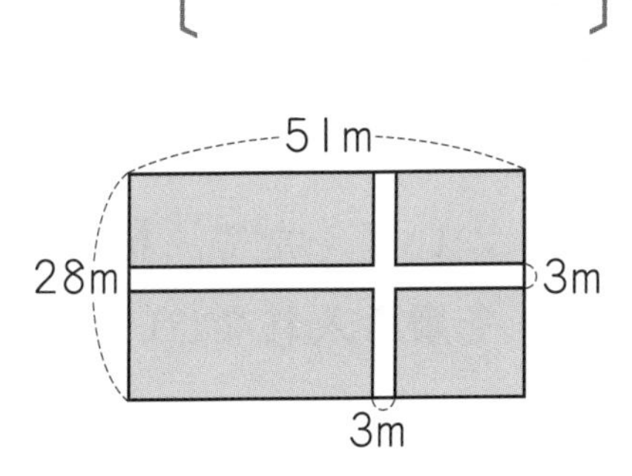

［　　　　　　］

直方体と立方体 ①

ステップ 1

1 下の表にあてはまる数やことばを書きなさい。

	面の形	面の数(こ)	辺の数(本)	頂点の数(こ)
直方体				
立方体				

2 次のアからカの中から，立方体のてん開図をすべて選びなさい。

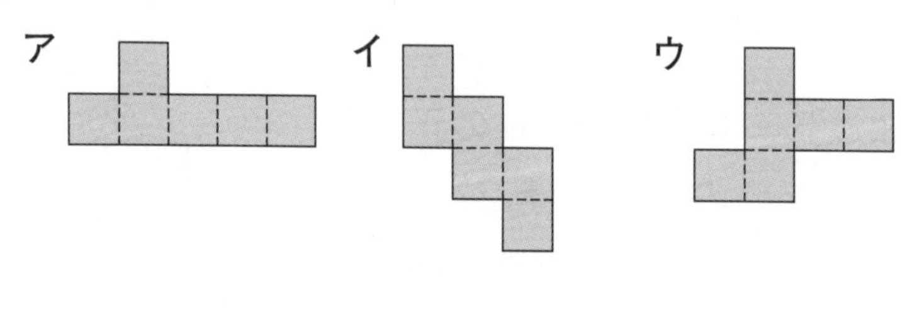

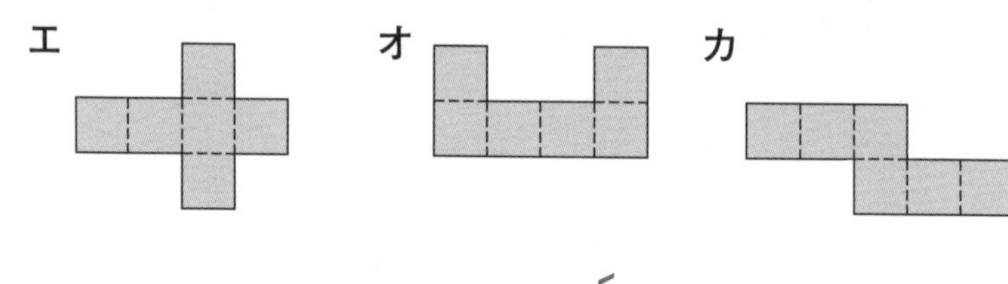

〔　　　　　　　　　　〕

3 下の図は，右の直方体のてん開図をとちゅうまでかいたものです。てん開図の続きをかいて，たて，横，高さの3つの辺の長さを書き入れなさい。

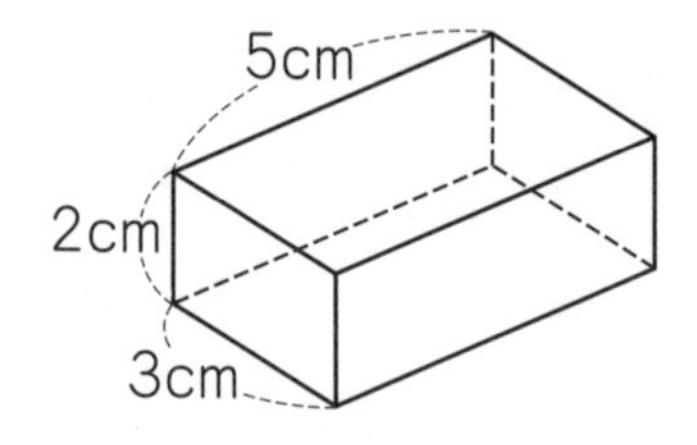

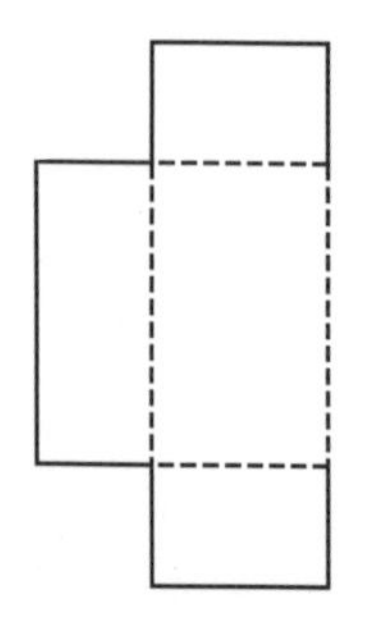

4 右の図は，立方体の見取図をとちゅうまでかいたものです。たりない線をかき入れて，見取図を完(かん)成(せい)させなさい。見えないところにある辺は，点線で表しなさい。

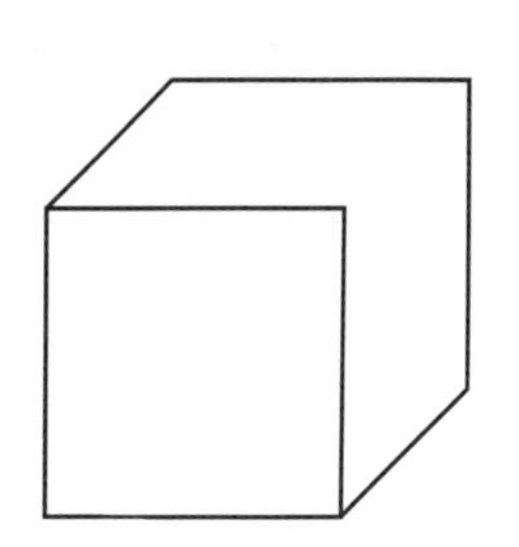

5 右の図のような形の４まいのあつ紙があります。このあつ紙を使って直方体をつくるには，あと，どんな形のあつ紙が何まいあればよいですか。

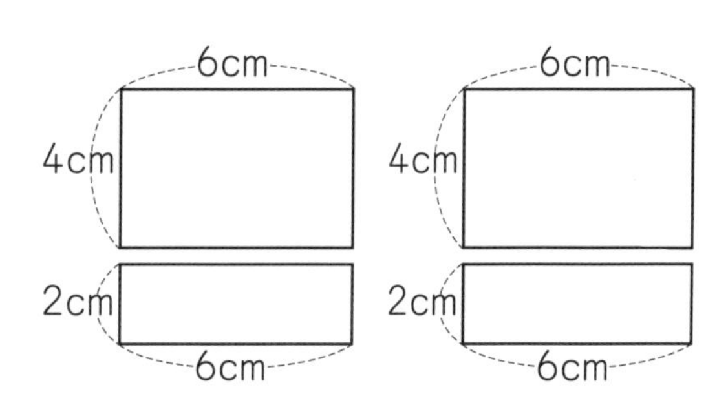

あつ紙の形〔　　　　　　　　　　〕

あつ紙のまい数〔　　　　　〕

6 右の図のように，竹ひごとねん土玉を使って直方体をつくります。このとき，5 cm，6 cm，8 cmの竹ひごがそれぞれ何本と，ねん土玉が何こあればよいですか。

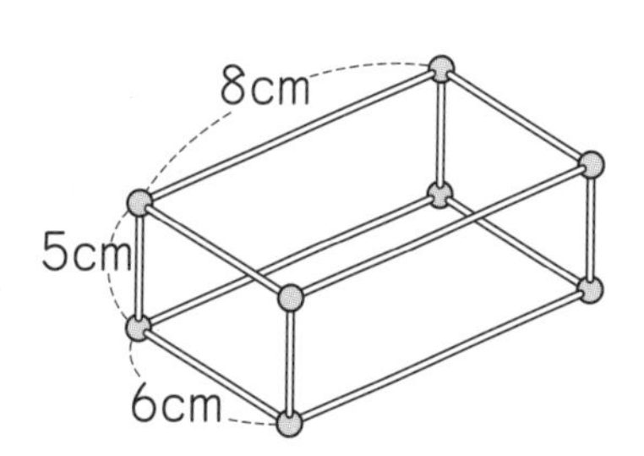

5 cmの竹ひご〔　　　〕　6 cmの竹ひご〔　　　〕

8 cmの竹ひご〔　　　〕　ねん土玉〔　　　〕

てん開図とは，直方体や立方体の形をした箱の辺を切り開いて，１まいの紙になるようにかいた図のことです。てん開図から箱を組み立てるときは，どの辺とどの辺を重ねればよいかに注意します。

1 右のてん開図を組み立てるとき，次の問いに答えなさい。(36点/1つ6点)

サ　シ
テ
ア　イ　ウ　エ　オ
ソ　タ　チ　ツ
カ　キ　ク　ケ　コ
ト
ス　セ

(1) 面タと向かいあう面はどれですか。

〔　　　　〕

(2) 面トと向かいあう面はどれですか。

〔　　　　〕

(3) 点エと重なる点はどれですか。

〔　　　　〕

(4) 点サと重なる点はどれですか。すべて答えなさい。

〔　　　　〕

(5) 辺(へん)クケと重なる辺はどれですか。

〔　　　　〕

(6) 辺サシと重なる辺はどれですか。

〔　　　　〕

2 右の図のように，直方体の箱をリボンで結(むす)びます。結び目に30 cm使うとすると，リボンは何cmあればよいですか。(12点)

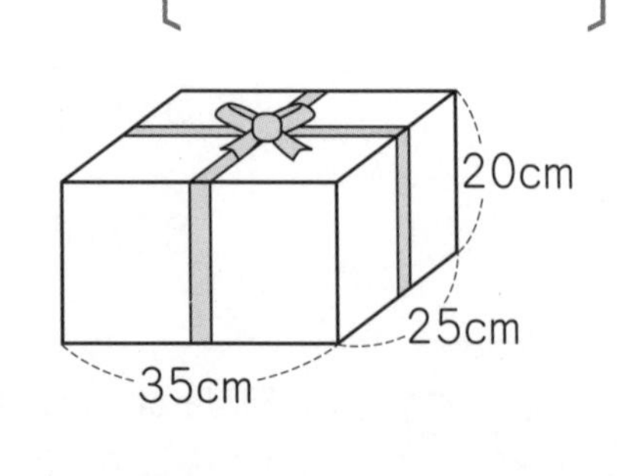

〔　　　　〕

3 下の図のような正方形や長方形の形をしたあつ紙がたくさんあります。これらのあつ紙を使って，立方体と直方体をつくります。それぞれどのあつ紙を何まい使えばよいですか。下の表に，立方体は１通り，直方体は３通り書き入れなさい。(32点/1つ8点)

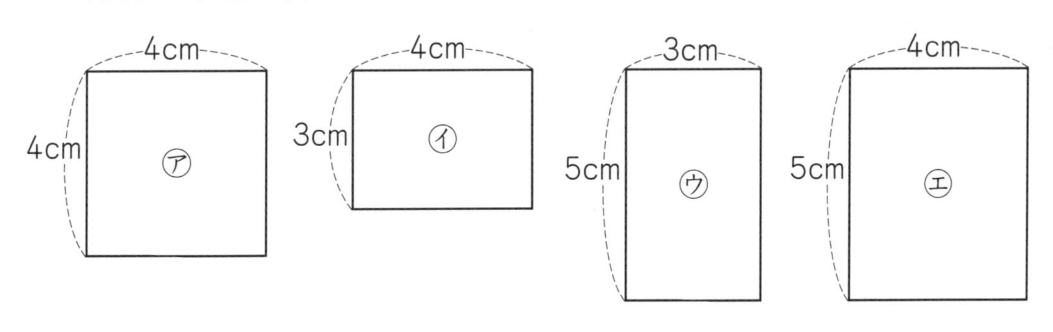

(まい)

	㋐のまい数	㋑のまい数	㋒のまい数	㋓のまい数
立方体				
直方体				

4 右の直方体で，頂点(ちょうてん)ウと頂点オの位置(いち)は，頂点アをもとにすると，それぞれ次のように表すことができます。
ウ(横５cm，たて４cm，高さ０cm)
オ(横０cm，たて０cm，高さ３cm)
次の頂点の位置を，頂点アをもとにして表しなさい。(20点/1つ5点)

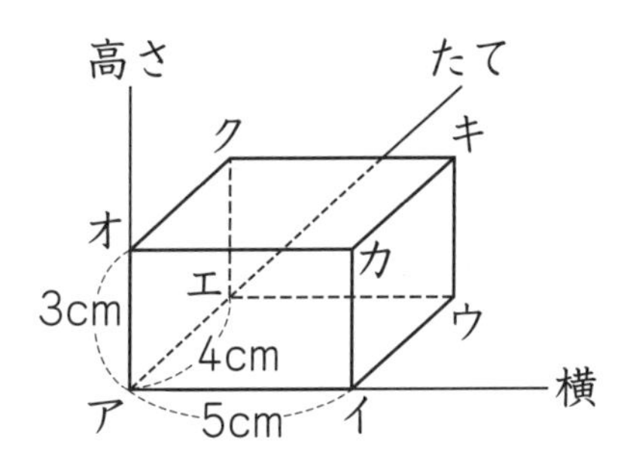

頂点イ〔　　　　　　　　〕

頂点カ〔　　　　　　　　〕

頂点キ〔　　　　　　　　〕

頂点ク〔　　　　　　　　〕

18 直方体と立方体 ②

ステップ 1

1 右の図の直方体について，次の問いに答えなさい。

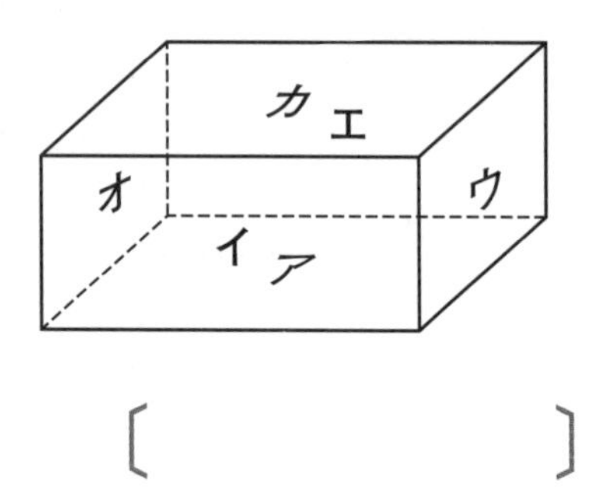

(1) 面**ウ**と平行な面はどれですか。

〔　　　　〕

(2) 面**カ**と平行な面はどれですか。

(3) 面**ア**に垂直な面はどれですか。すべて答えなさい。

〔　　　　〕

2 右のてん開図を組み立ててできる直方体について，次の問いに答えなさい。

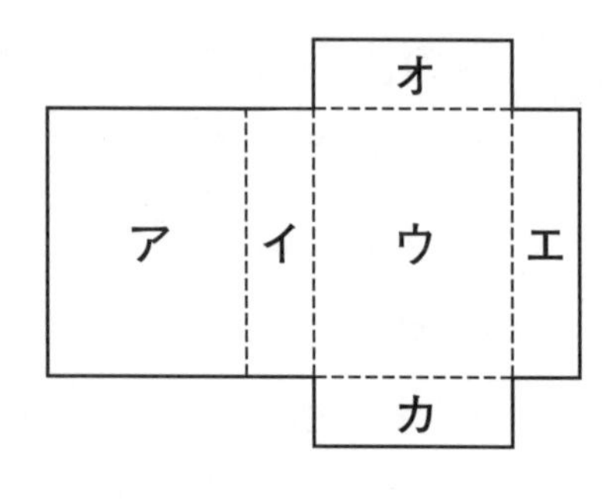

(1) 面**ア**と平行な面はどれですか。

〔　　　　〕

(2) 面**ウ**に垂直な面はどれですか。すべて答えなさい。

(3) 面**オ**に垂直な面はどれですか。すべて答えなさい。

3 右の図の直方体について，次の辺(へん)をすべて答えなさい。

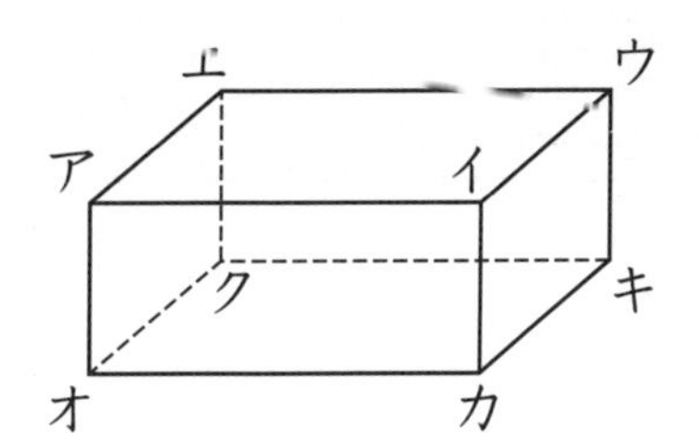

(1) 頂点(ちょうてん)アを通って，辺アイに垂直な辺

〔　　　　　　　　〕

(2) 辺ウキと平行な辺

〔　　　　　　　　〕

(3) 辺イウに垂直な辺

〔　　　　　　　　〕

4 右の図の直方体について，次の問いに答えなさい。

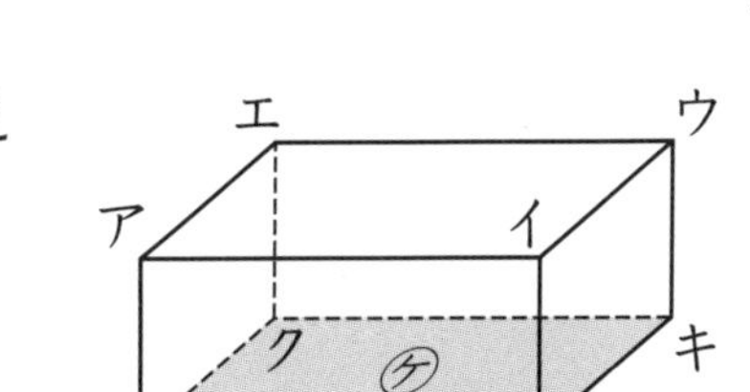

(1) 面㋘と辺アイは平行であるといえますか。

〔　　　　　　　　〕

(2) 辺アオは，面㋘に垂直であるといえますか。

(3) 面㋘と平行な辺をすべて答えなさい。

〔　　　　　　　　〕

(4) 面㋘に垂直な辺をすべて答えなさい。

〔　　　　　　　　〕

かくにんしよう

直方体や立方体では，向かいあった面と面は平行となり，となりあった面と面は垂直になります。また，交わる辺と辺は垂直になり，交わらない面と辺は平行となります。1つの面に平行な辺，垂直な辺はどちらも4本あります。

月　日　答え ➡ 別さつ22ページ

ステップ 2

時間 30分　合かく 80点　とく点　点

1 次の文は，直方体と立方体のどちらかを説明(せつめい)しています。どちらを説明したものか答えなさい。(20点/1つ5点)

(1) 6つの面がすべて正方形です。

[　　　　　]

(2) 6つの面のうち，2つは正方形で，4つは長方形です。

[　　　　　]

(3) 12本の辺(へん)のうち，同じ長さの辺が4本ずつ3組あります。

[　　　　　]

(4) たて，横，高さがすべて同じ長さです。

[　　　　　]

2 右の図は，さいころのてん開図です。さいころの向かいあった面の目の数の和は7になります。(20点/1つ10点)

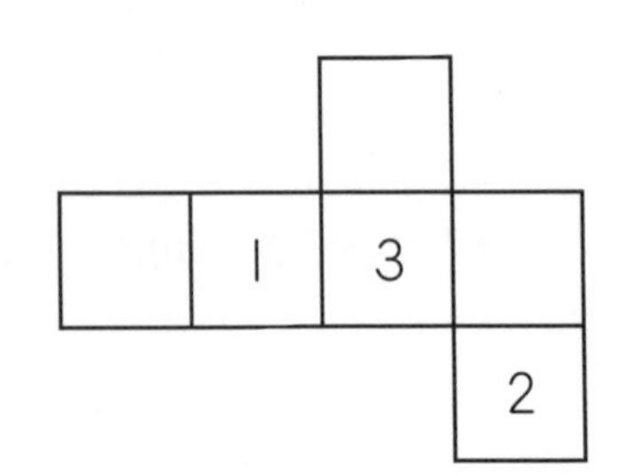

(1) てん開図の空いている面の目の数を，数字で書き入れなさい。

(2) 「1」の面に垂直(すいちょく)な面の目の数はいくつですか。数字ですべて書きなさい。

[　　　　　]

3 ゆかと平行な天じょうから，おもりをつるした2本のひもがぶら下がっています。ひもとひも，天じょうとひもは，それぞれどんな関係(かんけい)になっていますか。(20点/1つ10点)

ひもとひも [　　　　　]　天じょうとひも [　　　　　]

4 右の直方体について，次の面や辺をすべて答えなさい。(30点/1つ5点)

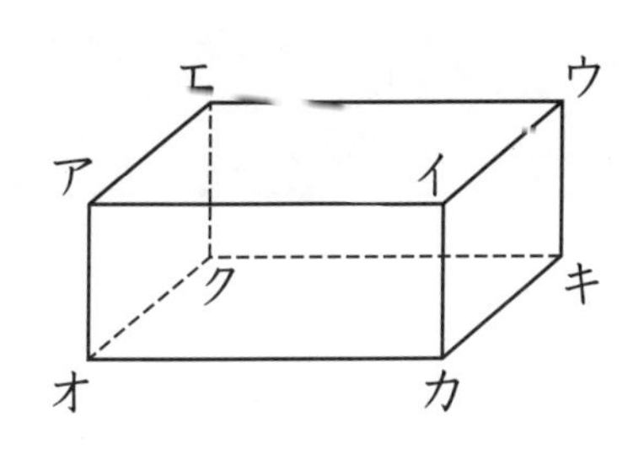

(1) 面イカキウと平行な面

[　　　　　　]

(2) 辺アオに垂直な辺

[　　　　　　]

(3) 辺イウと平行な辺

[　　　　　　]

(4) 面アイウエと平行な辺

[　　　　　　]

(5) 面オカキクに垂直な辺

[　　　　　　]

(6) 辺アエと平行な面

[　　　　　　]

5 なつきさんは，右の図のように，三角じょうぎを使って，ピンをゆかに垂直に立てようとしています。しかし，なつきさんの方法では，ピンを垂直に立てることはできません。三角じょうぎを使って，ピンを垂直に立てる方法を説明しなさい。(10点)

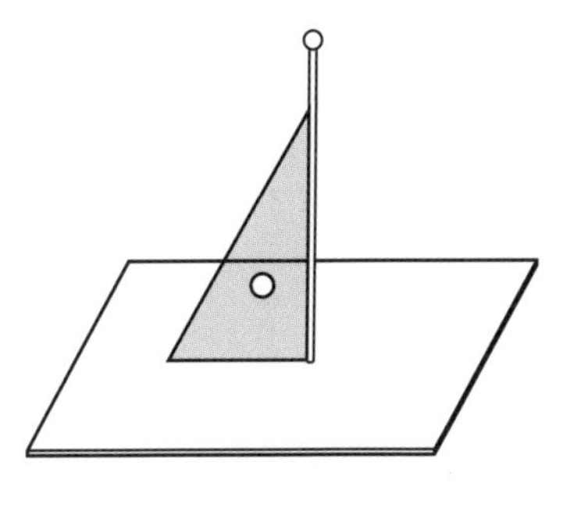

[　　　　　　]

月　日　答え ➡ 別さつ23ページ

時間 30分　合かく 80点　とく点　点

1 右の図のように，長方形の紙ABCDがあります。(30点/1つ10点)

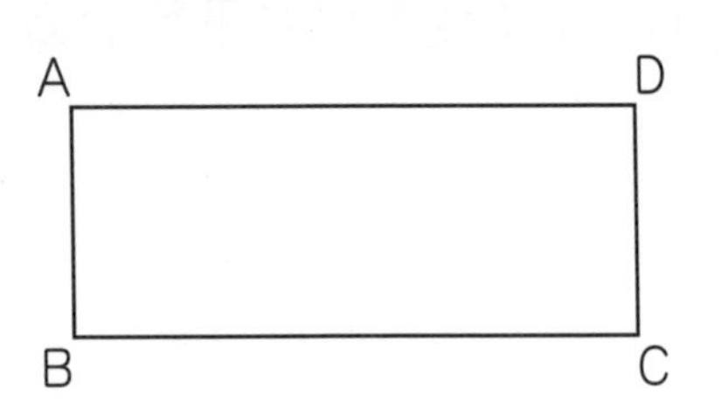

(1) 辺ADと辺CDは，どんな関係にあるといえますか。

〔　　　　　〕

(2) 右の図のように，長方形の紙を折りました。㋐，㋑の角度を，分度器を使わないで求めなさい。

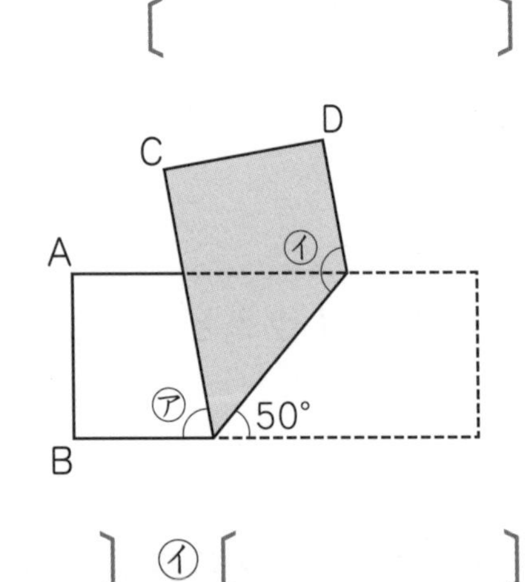

㋐〔　　　　　〕　㋑〔　　　　　〕

2 右の図のような畑と道路があり，畑の部分の面積は3haです。左から右へはば10mの道路が1本あり，上から下へ同じはばの道路が2本あります。この道路のはばは，何mですか。求め方も書きなさい。

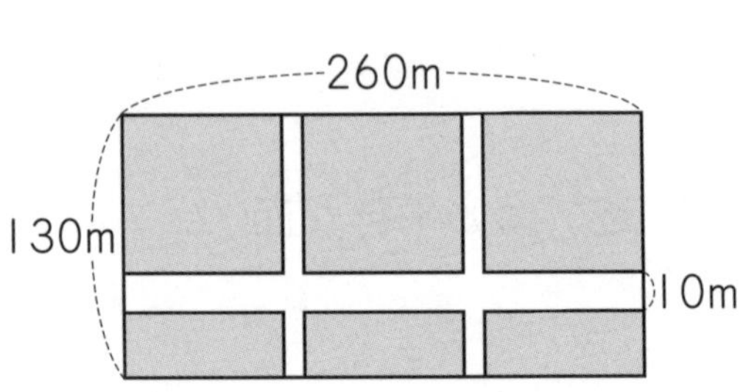

(30点/求め方20点，答え10点)

(求め方)

答え〔　　　　　〕

3 図１の立方体のてん開図が図２です。このとき，どの辺に切れ目を入れたか，図１に太線でかきこみなさい。ただし，図１には辺ABだけ太線でしめしてあります。(20点) 〔滝中〕

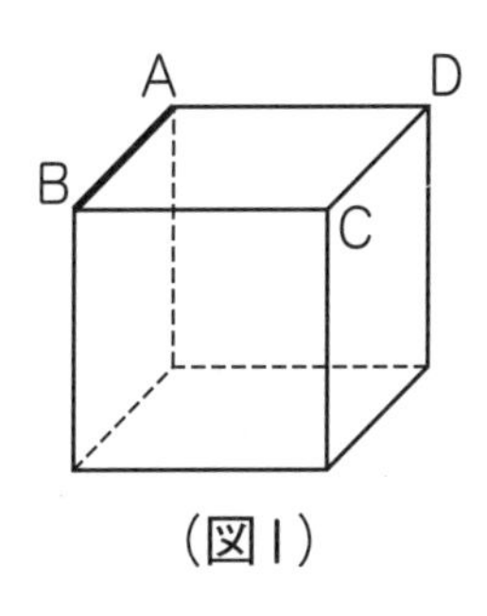

(図１)

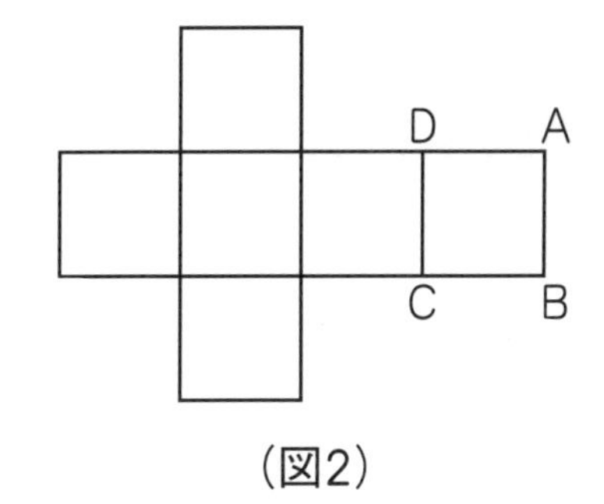

(図２)

4 右の㋐～㋔の四角形について，次の(1)～(4)のことがらがいつでもあてはまる場合は○を，そうでない場合は×を，下の表に書き入れなさい。(20点/1つ1点)

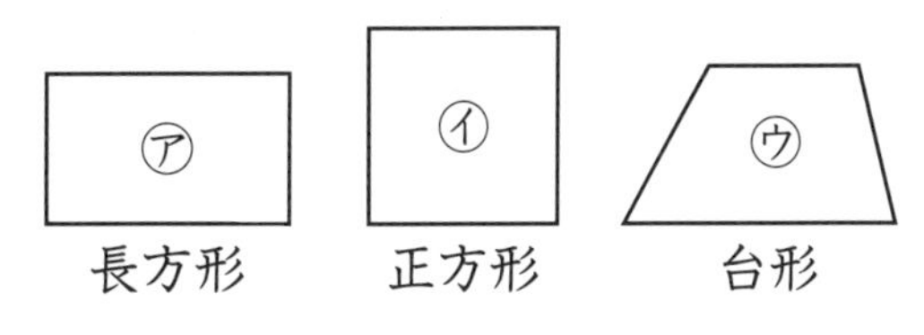

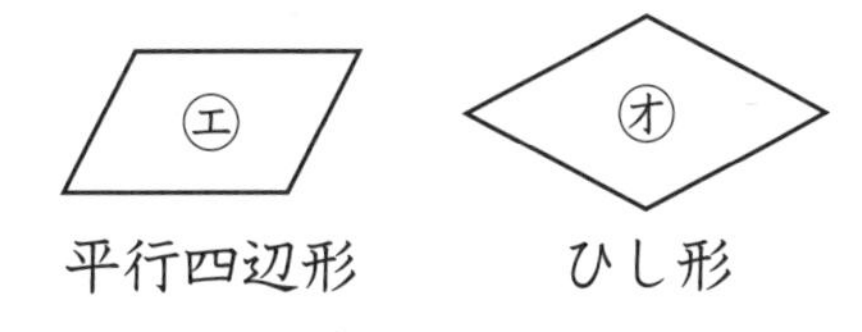

(1) １本の対角線で切ったとき，形も大きさも等しい２つの三角形ができる。

(2) ２本の対角線で切ったとき，二等辺三角形ができる。

(3) 同じ四角形をならべて，すきまなくしきつめると，平行四辺形ができる。

(4) 同じ四角形をならべて，すきまなくしきつめると，台形ができる。

	㋐	㋑	㋒	㋓	㋔
(1)					
(2)					
(3)					
(4)					

月　日　答え ➡ 別さつ24ページ

19 植木算

ステップ1

1 まっすぐな道に，5ｍおきに9本の木を植えました。

(1) 木と木の間の数は何こありますか。

［　　　　］

(2) 植えた木のはしからはしまでの長さは何ｍですか。

［　　　　］

2 60ｍのまっすぐな道に，等しい間かくで旗（はた）を立てます。

(1) 6ｍおきに旗を立てるには，旗は全部で何本必要（ひつよう）ですか。

［　　　　］

(2) 16本の旗を立てるには，旗と旗の間を何ｍにすればよいですか。

［　　　　］

3 池のまわりに，4ｍおきに20本のくいを打ちました。

(1) くいとくいの間の数は何こありますか。

［　　　　］

(2) 池のまわりの長さは何ｍですか。

［　　　　］

4 道のはしからはしまで6mおきに木を植えると，植えた木は全部で14本になりました。道の長さは何mですか。

〔　　　　　　〕

5 200mのまっすぐなコースに，はしからはしまで8mおきにカラーコーンを置きます。カラーコーンは全部で何本必要ですか。

〔　　　　　　〕

6 130mのまっすぐな道に，はしからはしまで等しい間かくで27本の木を植えます。木と木の間を何mにすればよいですか。

〔　　　　　　〕

7 まわりの長さが60mの池のまわりに，等しい間かくで木を植えます。6本の木を植えるには，何mおきに植えればよいですか。

〔　　　　　　〕

植木算では，植える木の数と，木と木の間の数の関係を考えます。まっすぐな道に，はしからはしまで木を植えるとき，(木の数)＝(間の数)＋1となります。このとき，道の長さは，(木と木の間の長さ)×(木の数－1)で求められます。

1 70mはなれた木と木の間に，まっすぐに2mおきにくいを打ちます。くいは全部で何本いりますか。(10点)

〔　　　　　　〕

2 9本の電柱が，まっすぐな道に25mの間かくで立っています。両はしの電柱は何mはなれていますか。(10点)

〔　　　　　　〕

3 たてが30m，横が40mの長方形の土地があります。この土地の四すみにくいを打ってから，土地のまわりに5mおきにくいを打ちます。くいは全部で何本いりますか。(10点)

〔　　　　　　〕

4 まっすぐな道に330mはなれてサクラの木が2本植えてあります。2本のサクラの木の間に，全部の木の間かくが等しくなるように，21本のツツジの木を植えます。木と木の間を何mにすればよいですか。(10点)

〔　　　　　　〕

5 長さ13cmの紙テープを10まいつなげて1本のテープをつくります。のりしろがすべて2cmのとき，できたテープの長さは何cmですか。(10点)

〔　　　　　　〕

6 柱時計が，４時を打つのに９秒かかりました。この柱時計が１２時を打つのに何秒かかりますか。（12点）

〔　　　　　　〕

7 長さ２ｍのロープが１９本あります。これらのロープを順に結んで，１本のロープをつくります。結び目には，それぞれのロープを５cmずつ使います。結んでできたロープの長さは何ｍですか。（12点）

〔　　　　　　〕

8 池のまわりに４０本のくいを打ちます。３ｍおきに打っていったところ，１本目のくいと４０本目のくいの間かくが１ｍになりました。何ｍおきにくいを打てば，くいとくいの間かくは全部等しくなりますか。（13点）

〔　　　　　　〕

9 右の図のように，横の長さが８ｍのかべに，はば５０cmの９まいのポスターをはっていきます。ポスターとポスターの間の長さと，かべのはしとポスターの間の長さを全部等しくするには，間の長さを何ｍにすればよいですか。（13点）

8m

50cm

〔　　　　　　〕

20 きまりをみつけてとく問題

ステップ 1

1 次のように，白いご石と黒いご石を，あるきまりにしたがって左から順(じゅん)にならべます。

○ ○ ● ○ ○ ● ○ ○ ● ○ ○ ● ……

(1) 左から26番目のご石は，白と黒のどちらですか。

〔　　　　〕

(2) ご石を全部で40こならべました。白いご石と黒いご石はそれぞれ何こありますか。

白〔　　　　〕 黒〔　　　　〕

2 次のように，白いご石と黒いご石を，あるきまりにしたがって左から順にならべます。

○ ● ○ ○ ● ○ ● ○ ○ ● ○ ● ○ ……

(1) 左から47番目のご石は，白と黒のどちらですか。

〔　　　　〕

(2) ご石を全部で68こならべました。白いご石と黒いご石はそれぞれ何こありますか。

白〔　　　　〕 黒〔　　　　〕

(3) 黒いご石だけを数えていきます。左から16番目の黒いご石は，ご石全体では左から何番目になりますか。

〔　　　　〕

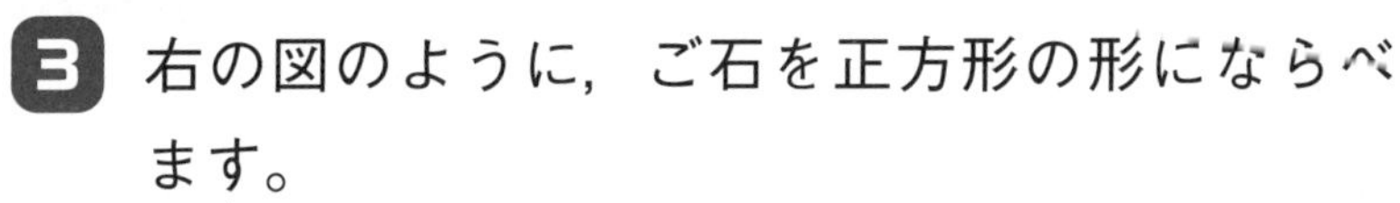

3 右の図のように，ご石を正方形の形にならべます。

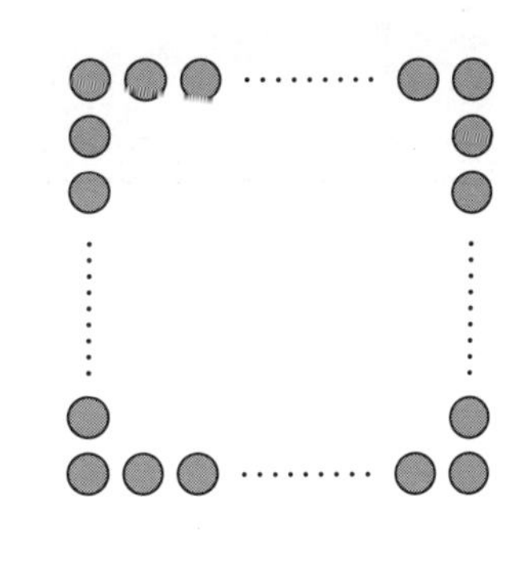

(1) 1辺（へん）に8このご石をならべると，ご石は全部で何こになりますか。

〔　　　　　　〕

(2) ご石を60こならべるには，1辺に何このご石をならべればよいですか。

〔　　　　　　〕

4 次のように，あるきまりにしたがって，ご石を正方形の形にならべていきます。

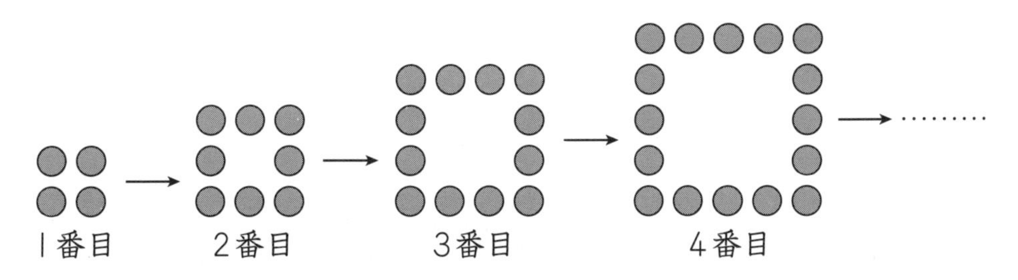

(1) 7番目にならんでいるご石は何こですか。

〔　　　　　　〕

(2) ご石が52こならぶのは何番目ですか。

〔　　　　　　〕

かくにんしよう

ご石を1列にならべる問題では，何こごとに同じならびをくり返しているのかをみつけます。ご石を正方形の形にならべる問題では，1辺の数と全部の数にどんなきまりがあるのかをみつけます。

月　日　答え ➡ 別さつ26ページ

ステップ 2

時間 35分　合かく 80点　とく点　点

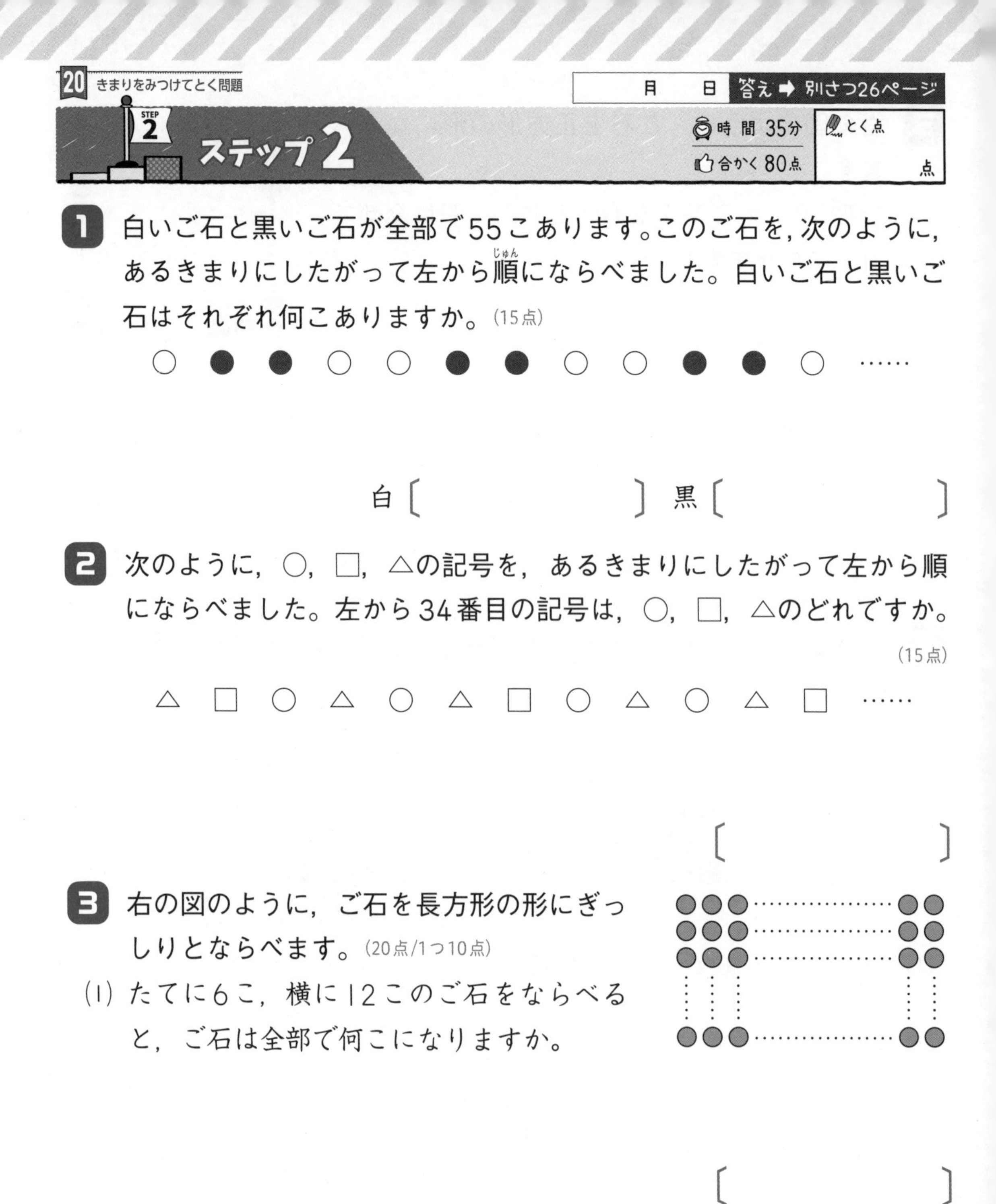

1 白いご石と黒いご石が全部で55こあります。このご石を，次のように，あるきまりにしたがって左から順(じゅん)にならべました。白いご石と黒いご石はそれぞれ何こありますか。(15点)

○ ● ● ○ ○ ● ● ○ ○ ● ● ○ ……

白〔　　　　〕 黒〔　　　　〕

2 次のように，○，□，△の記号を，あるきまりにしたがって左から順にならべました。左から34番目の記号は，○，□，△のどれですか。(15点)

△ □ ○ △ ○ △ □ ○ △ ○ △ □ ……

〔　　　　〕

3 右の図のように，ご石を長方形の形にぎっしりとならべます。(20点/1つ10点)

(1) たてに6こ，横に12このご石をならべると，ご石は全部で何こになりますか。

〔　　　　〕

(2) ご石をたてに8こ，いちばん外側(そとがわ)のまわりに42こならべると，ご石は全部で何こになりますか。

〔　　　　〕

4 右の図のように，竹ひごを，正三角形の形をつくるようにならべていきます。(20点/1つ10点)

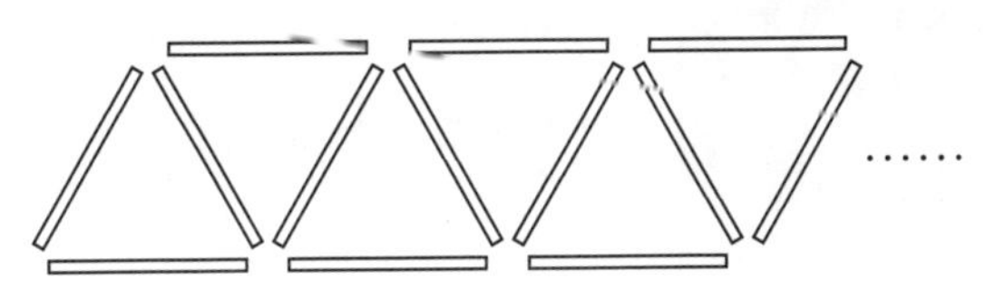

(1) 正三角形の数が9このとき，竹ひごの数は何本ですか。

〔　　　　　〕

(2) 竹ひごを35本ならべたとき，正三角形は何こできますか。

〔　　　　　〕

5 右の図のように，ご石を正三角形の形にぎっしりとならべます。(30点/1つ10点)

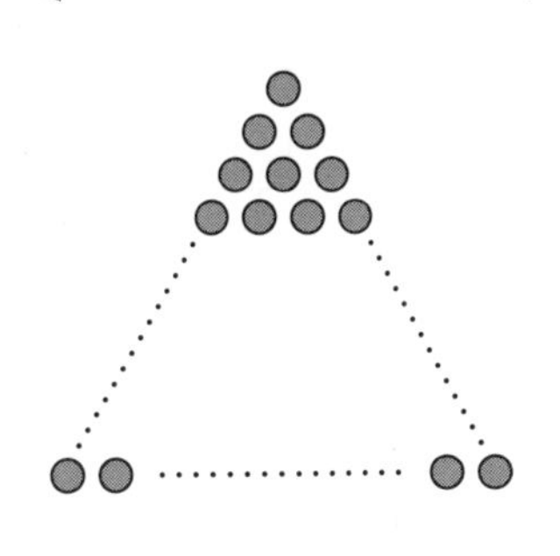

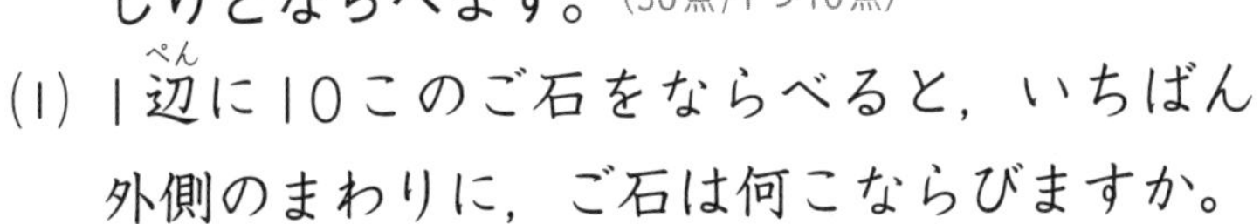

(1) 1辺(へん)に10このご石をならべると，いちばん外側のまわりに，ご石は何こならびますか。

〔　　　　　〕

(2) いちばん外側のまわりに48このご石をならべるとき，1辺にご石は何こならびますか。

〔　　　　　〕

(3) 1辺に8このご石をならべたとき，ご石は全部で何こになりますか。

〔　　　　　〕

つるかめ算

ステップ1

1 つるとかめが，あわせて10ぴきいます。つるとかめの足は全部で26本あります。

(1) 下の図で，㋐，㋑の長方形の面積と，㋐と㋑をあわせた図形全体の面積は，それぞれ何を表していますか。

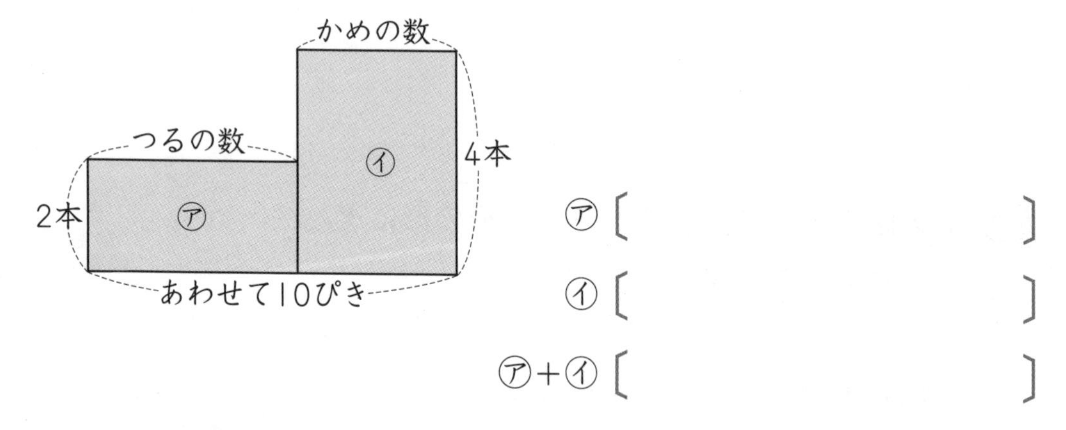

㋐［　　　　　　］

㋑［　　　　　　］

㋐+㋑［　　　　　　］

(2) 下の図は，10ぴき全部がつるであるときを考えています。［　］にあてはまる数を書きなさい。

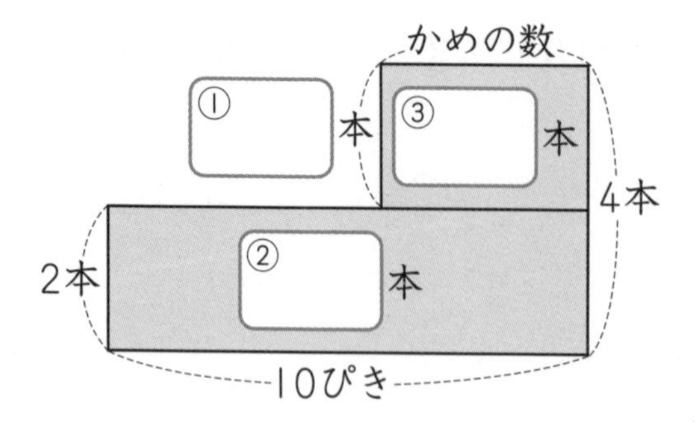

(3) つるとかめはそれぞれ何びきいますか。

つる［　　　　　　］　かめ［　　　　　　］

2 つるとかめが，あわせて9ひきいます。つるとかめの足は全部で28本あります。つるとかめはそれぞれ何びきいますか。

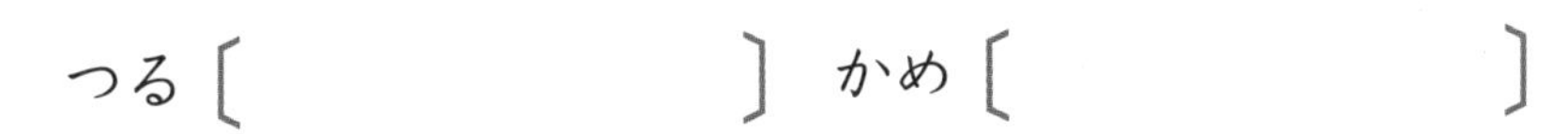

3 さくらさんは，10円玉と50円玉をあわせて12まい持っています。金がくの合計は280円になります。

(1) 下の図の ▭ にあてはまる数を書きなさい。

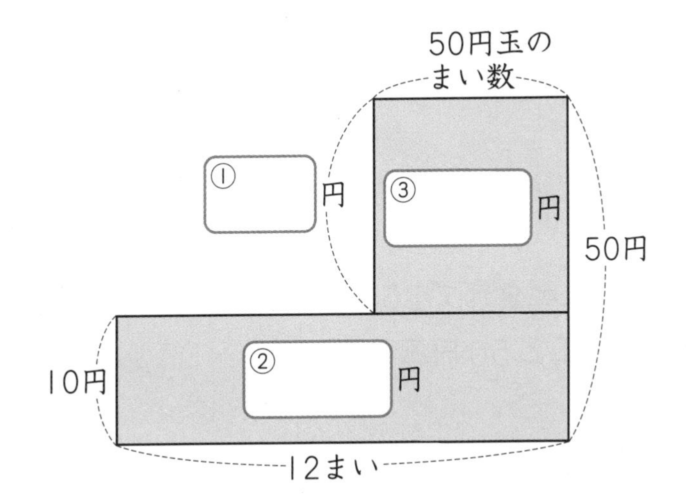

(2) 10円玉と50円玉はそれぞれ何まいありますか。

10円玉 [　　　　　　] 50円玉 [　　　　　　]

つるかめ算では，まず全部がつる（または全部がかめ）であると考えます。全部がつるとしたときは，そのときの足の数と実さいの足の数との差（さ）を求（もと）めて，それをつるとかめ1ぴき分の足の数の差である2（本）でわると，かめの数が求められます。

月　日　答え ➡ 別さつ27ページ

ステップ 2

時間 35分　合かく 80点　とく点　点

1 1円玉，5円玉，10円玉，50円玉が何まいかあります。次のときのまい数をそれぞれ求めなさい。(36点/1つ6点)

(1) 1円玉と5円玉が全部で15まいあり，その金がくの合計が43円のときの，1円玉と5円玉のまい数

1円玉［　　　　］　5円玉［　　　　］

(2) 5円玉と10円玉が全部で18まいあり，その金がくの合計が120円のときの，5円玉と10円玉のまい数

5円玉［　　　　］　10円玉［　　　　］

(3) 10円玉と50円玉が全部で20まいあり，その金がくの合計が720円のときの，10円玉と50円玉のまい数

10円玉［　　　　］　50円玉［　　　　］

2 しんやさんは，85ページの本を2週間で読みました。はじめは1日に5ページずつ読み，残りの日は1日に8ページずつ読みました。1日に5ページ読んだ日と8ページ読んだ日は，それぞれ何日ですか。

(16点/1つ8点)

5ページ読んだ日［　　　　］

8ページ読んだ日［　　　　］

3 1こ40円のクッキーと1こ90円のゼリーをあわせて16こ買うと，代金の合計は940円になりました。クッキーとゼリーをそれぞれ何こ買いましたか。(16点/1つ8点)

クッキー〔　　　　　　〕 ゼリー〔　　　　　　〕

4 3人がけのいすと4人がけのいすが全部で30きゃくあります。これらのいすに，102人まですわることができます。3人がけのいすと4人がけのいすはそれぞれ何きゃくありますか。(16点/1つ8点)

3人がけ〔　　　　　　〕 4人がけ〔　　　　　　〕

5 いずみさんは，お父さんにクイズを出してもらいました。はじめは100点持っていて，1問ごとに，正かいすると10点ふやし，まちがえると5点へらすことにしました。(16点/1つ8点)

(1) 5問答えたとき，正答数は3問でした。点数は何点になりましたか。

〔　　　　　　〕

(2) 20問答えたとき，点数は210点でした。何問正かいしましたか。

〔　　　　　　〕

22 過不足算(かふそくざん)

ステップ 1

1 子どもたちに色紙を配ります。1人に3まいずつ配ると16まいあまり，1人に5まいずつ配ると2まいあまります。

(1) 子どもの人数を○人とします。下の線分図の□にあてはまる数を書きなさい。

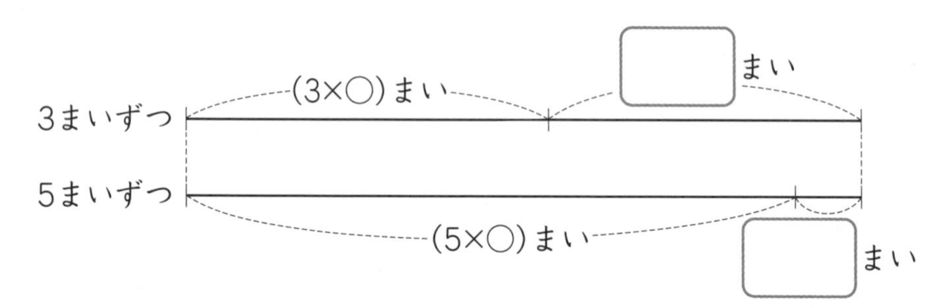

(2) 3まいずつ配るときと5まいずつ配るときでは，子どもたちに配る色紙のまい数の差(さ)は何まいになりますか。

〔　　　　　〕

(3) 子どもの人数と色紙のまい数を求(もと)めなさい。

子ども〔　　　　　〕 色紙〔　　　　　〕

2 子どもたちにあめを配ります。1人に4こずつ配ると17こあまり，6こずつ配ると1こあまります。子どもの人数とあめのこ数を求めなさい。

子ども〔　　　　　〕 あめ〔　　　　　〕

3 児童（じどう）にえん筆を配ります。1人に2本ずつ配ると18本あまり，1人に3本ずつ配ると10本足りなくなります。

(1) 児童の人数を○人とします。下の線分図の□にあてはまる数を書きなさい。

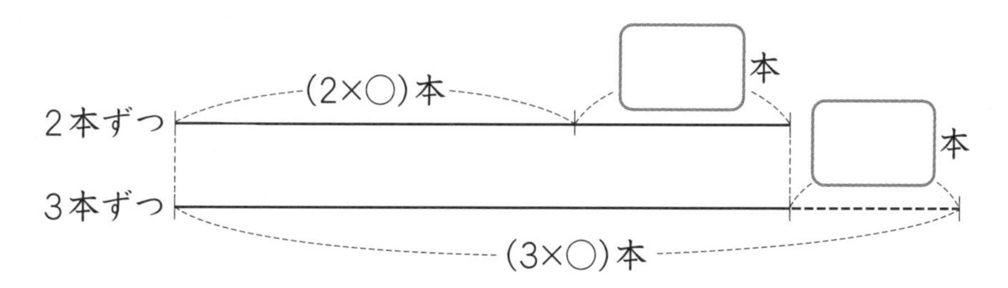

(2) 児童全員に2本ずつ配るときと3本ずつ配るときでは，配ったえん筆の本数の差は何本になりますか。

［　　　　］

(3) 児童の人数とえん筆の本数を求めなさい。

児童［　　　　］　えん筆［　　　　］

4 ひできさんは，お店にチョコレートを買いに行きました。同じチョコレートを6こ買うと，110円あまり，8こ買うには70円足りません。チョコレート1このねだんと，ひできさんが持っている金がくを求めなさい。

1このねだん［　　　　］　金がく［　　　　］

過不足算（かふそくざん）では，ある物を1人に□こずつ配るときと△こずつ配るときの，配るこ数の差に目をつけます。この配るこ数の差を，1人分のこ数の差（□と△の差）でわると，人数が求められます。線分図をかいてたしかめましょう。

月　日　答え ➡ 別さつ28ページ

ステップ 2

時間 35分　合かく 80点　とく点　点

1 かけるさんは，クッキーを友だちに配ることにしました。1人に8こずつ配ると15こあまったので，あと3こずつ多く配ったところ，クッキーはちょうどなくなりました。クッキーは全部で何こありましたか。（10点）

〔　　　　〕

2 折(お)り紙を子どもたちで分けます。1人に5まいずつ分けると9まいあまり，1人に7まいずつ分けると11まい足りません。折り紙は全部で何まいありますか。（12点）

〔　　　　〕

3 児童(じどう)が長いすにすわっていきます。長いす1きゃくに4人ずつすわっていくと13人の児童がすわれなくなり，1きゃくに5人ずつすわっていくと最後(さいご)の長いすに2人だけがすわることになります。児童は何人いますか。（12点）

〔　　　　〕

4 子ども会のひ用を集めるのに，1人400円ずつ集めると900円不足し，1人450円ずつ集めると100円不足します。子ども会の人数と全部のひ用を求(もと)めなさい。（14点/1つ7点）

人数〔　　　　〕　ひ用〔　　　　〕

5 ふゆきさんのクラスで，工作に使うはり金を切り分けて，児童に配ります。はり金を30 cmずつ切ると1 mあまり，35 cmずつ切るとちょうど1人分だけ足りなくなります。はり金は全体で何cmありますか。（12点）

〔　　　　　〕

6 子どもたちにノートを配ります。4人に1人5さつずつ配り，ほかの子どもたちには1人3さつずつ配ると，ノートはちょうどなくなります。また，1人4さつずつ配ると，ノートは5さつ不足します。ノートは全部で何さつありますか。（12点）

〔　　　　　〕

7 図工クラブの児童に，赤のえん筆と青のえん筆を配ります。赤のえん筆の本数は，青のえん筆の本数の2倍です。赤のえん筆を1人4本ずつ配ると6本あまり，青のえん筆を1人3本ずつ配ると7本不足します。赤のえん筆と青のえん筆は，それぞれ何本ありますか。（14点/1つ7点）

赤〔　　　　　〕　青〔　　　　　〕

8 ある商品を何こか仕入れて売ることにしました。この商品を1こ75円で売ると396円のそんとなり，1こ82円で売ると528円の利(り)えきが出ます。はじめに仕入れた商品のこ数と，仕入れたときの1このねだんを求めなさい。（14点/1つ7点）

こ数〔　　　　　〕　ねだん〔　　　　　〕

年れい算

ステップ 1

1 みさきさんの年れいは10才，お父さんの年れいは40才です。

(1) 今から○年後に，お父さんの年れいは，みさきさんの年れいの2倍になるとします。下の線分図の □ にあてはまる数を書きなさい。

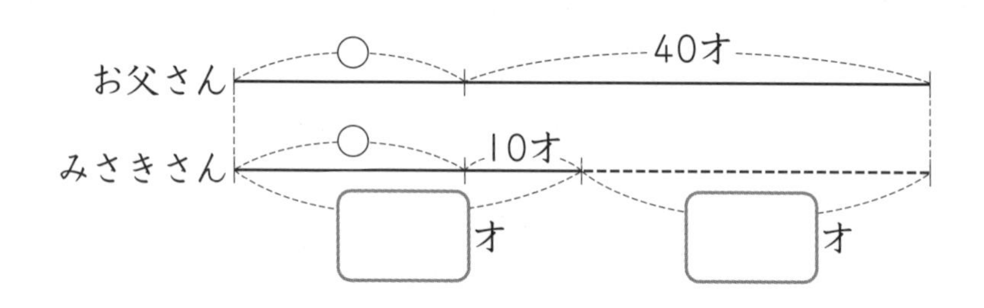

(2) お父さんの年れいが，みさきさんの年れいの2倍になるのは，今から何年後ですか。

(3) 今から△年後に，お父さんの年れいは，みさきさんの年れいの3倍になるとします。下の線分図の □ にあてはまる数を書きなさい。

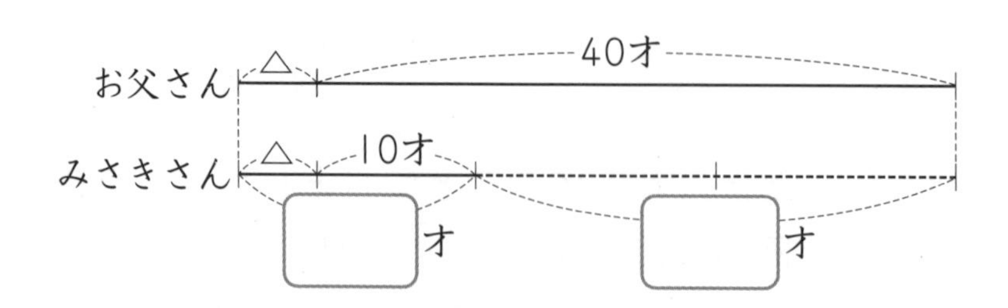

(4) お父さんの年れいが，みさきさんの年れいの3倍になるのは，今から何年後ですか。

2 こうたさんの年れいは11才，お父さんの年れいは43才です。

(1) お父さんの年れいがこうたさんの年れいの3倍になるのは，今から何年後ですか。

〔　　　　　　〕

(2) お父さんの年れいがこうたさんの年れいの5倍だったのは，今から何年前ですか。

〔　　　　　　〕

3 あやかさんの年れいは10才，妹の年れいは4才，お母さんの年れいは32才です。

(1) お母さんの年れいがあやかさんの年れいの2倍になるのは，今から何年後ですか。

〔　　　　　　〕

(2) お母さんの年れいが妹の年れいの5倍になるのは，今から何年後ですか。

〔　　　　　　〕

(3) あやかさんと妹の年れいの和が，お母さんの年れいと等しくなるのは，今から何年後ですか。

〔　　　　　　〕

年れい算では，2人の年れいの差(さ)は何年たっても変(か)わらないことに目をつけます。
親の年れいが子の年れいの□倍になるのは何年後かを求(もと)めるときは，線分図をかいて(親と子の年れいの差)＝(子の年れい)×(□−1)になっていることをたしかめましょう。

1 ひできさんは1500円，弟は400円持っています。今日から2人とも毎日100円ずつちょ金していくと，ひできさんのお金が弟のお金の2倍になるのは，何日後ですか。（14点）

[　　　　　　]

2 お母さんの年れいは62才，かなこさんの年れいは29才です。お母さんの年れいがかなこさんの年れいの4倍だったのは，今から何年前ですか。（14点）

[　　　　　　]

3 先生の15年後の年れいは，8年前の年れいの2倍になるそうです。先生は今，何才ですか。（14点）

[　　　　　　]

4 妹は，母が36才のときに生まれました。母の年れいが妹の年れいの5倍になるのは，母が何才のときですか。（14点）

[　　　　　　]

5 弟の年れいは3才，姉の年れいは17才です。弟の年れいが姉の年れいの半分になるのは，姉が何才のときですか。(14点)

〔　　　　　　〕

6 A，B2つの水そうがあります。Aには47L，Bには26Lの水が入っています。それぞれの水そうから，1分間に1Lずつ水を出していきます。Aの水の量(りょう)がBの4倍になるのは，水を出し始めてから何分後ですか。(14点)

〔　　　　　　〕

7 今，父と子どもの年れいの和は40才です。19年後に，父の年れいは子どもの年れいの2倍になります。(16点/1つ8点)

(1) 19年後の父と子どもの年れいの和を求(もと)めなさい。

〔　　　　　　〕

(2) 今の父と子どもの年れいをそれぞれ求めなさい。

父〔　　　　　　〕　子ども〔　　　　　　〕

ステップ 3 19〜23

月　日　答え ➡ 別さつ30ページ

時間 35分　合かく 80点　とく点　点

1 次の□にあてはまる数を書きなさい。(20点/1つ10点)

(1) 1, 2, 5, 10, 17, …はあるきそくでならんでいます。8番目の数は□です。〔帝京大中〕

(2) 的(まと)に当たると8点もらえ，はずれると5点ひかれるゲームをします。はじめの持ち点を100点としてゲームを20回しました。的に□回当てたので，とく点は156点でした。〔開智中〕

2 1こ160円のりんごと1こ130円のみかんをあわせて15こ買い，250円のかごに入れてもらって2500円はらいました。りんごはみかんより何こ多いですか。(15点)〔上宮中〕

〔　　　　〕

3 4年生全員で集会をするために，長いすを何きゃくか用意しました。4人ずつすわると26人がすわれませんでした。そこで，6人ずつすわっていくと，長いすは1きゃくあまり，1きゃくには2人だけがすわることになりました。長いすの数と，4年生全員の人数を求めなさい。(16点/1つ8点)

長いす〔　　　　〕　人数〔　　　　〕

4 下の図のように，１辺の長さが５cmの正三角形を，となりあう正三角形の底辺が１cmずつ重なるように一直線上にならべていくとき，次の問いに答えなさい。（18点/1つ9点）　〔龍谷大付属平安中〕

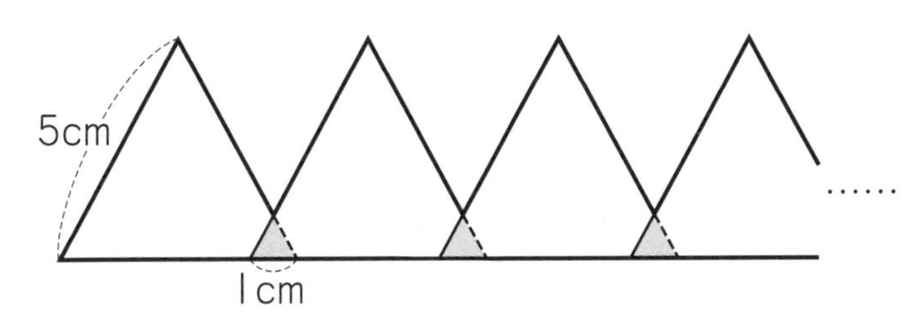

(1) 正三角形を５まいならべたときのまわり(太線)の長さを求めなさい。

〔　　　　　　〕

(2) まわりの長さが771cmとなるのは正三角形を何まいならべたときか求めなさい。

〔　　　　　　〕

5 今，父と息子の年れいの合計は50才です。17年後には，息子の年れいは父の年れいの半分になります。今の息子の年れいを求めなさい。

（15点）　〔東山中〕

〔　　　　　　〕

6 家から学校まで１分間に60mずつ歩いて行くと，目標時間よりも４分おそく学校に着きました。そこで，１分間に120mずつ走って行くと，目標時間よりも５分早く学校に着くことができました。家から学校までの道のりは何mですか。また，学校まで行くのに目標にした時間は何分間ですか。（16点/1つ8点）

道のり〔　　　　　　〕　目標時間〔　　　　　　〕

月　　日　答え ➡ 別さつ31ページ

時間 30分
合かく 80点
とく点　　　点

1 7億を100でわった数を書きなさい。また，7億より2000万小さい数を書きなさい。（20点/1つ10点）

100でわった数［　　　　　　］

2000万小さい数［　　　　　　］

2 ある日の野球場の入場者数を，四捨五入して千の位までのがい数にすると，34000人でした。実さいの入場者数のはんいを，「以上，未満」を使って表しなさい。（10点）

［　　　　　　］

3 ノートが491さつあります。1つの箱に65さつずつ入れていくと，何箱できて，何さつあまりますか。（10点）

［　　　　　　］

4 家から駅まで行くとちゅうに公園があります。家から駅までは2.5kmで，公園から駅までは0.85kmです。家から公園までの道のりは何kmになりますか。（10点）

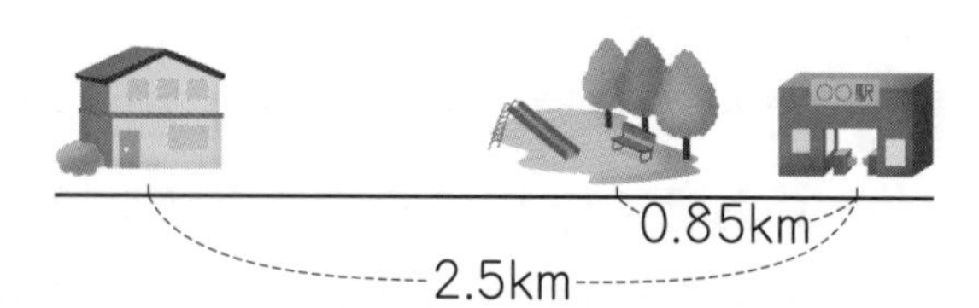

［　　　　　　］

5 １組の三角じょうぎを右のように組みあわせました。㋐〜㋒の角度を求(もと)めなさい。(15点/1つ5点)

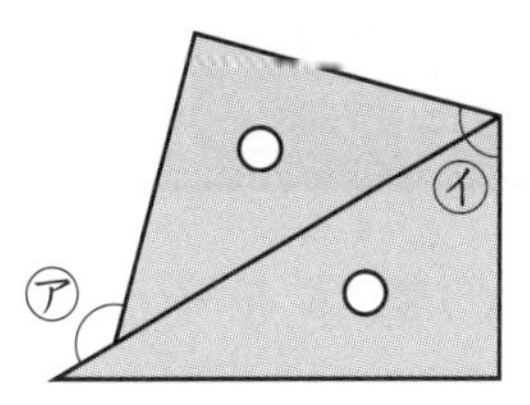

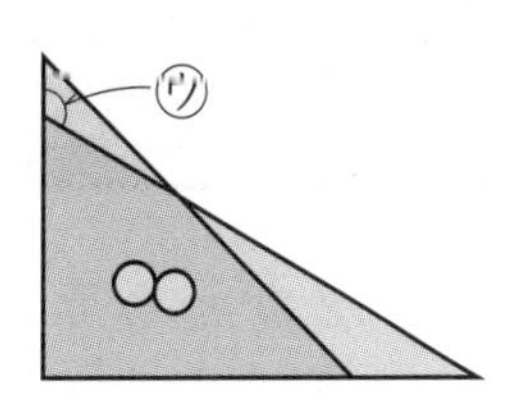

㋐〔　　　　〕　㋑〔　　　　〕　㋒〔　　　　〕

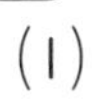

6 次の図の色のついた部分の面積(めんせき)を求めなさい。(20点/1つ10点)

(1)

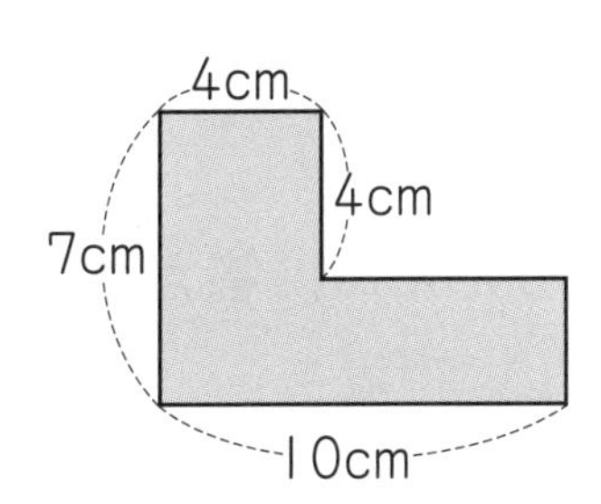

(2)

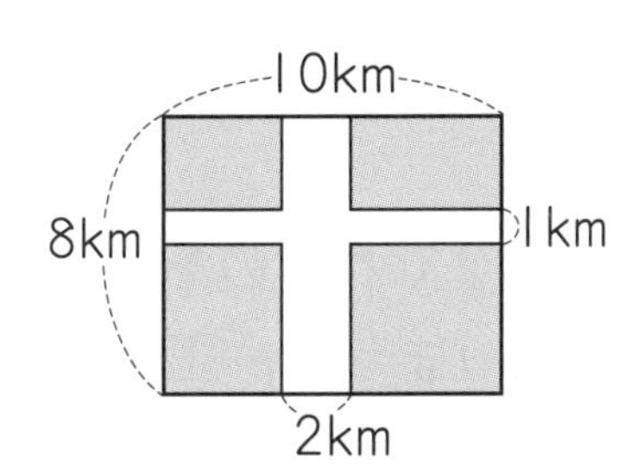

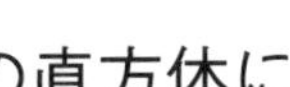

〔　　　　〕　〔　　　　〕

7 右の図の直方体について，次の問いに答えなさい。(15点/1つ5点)

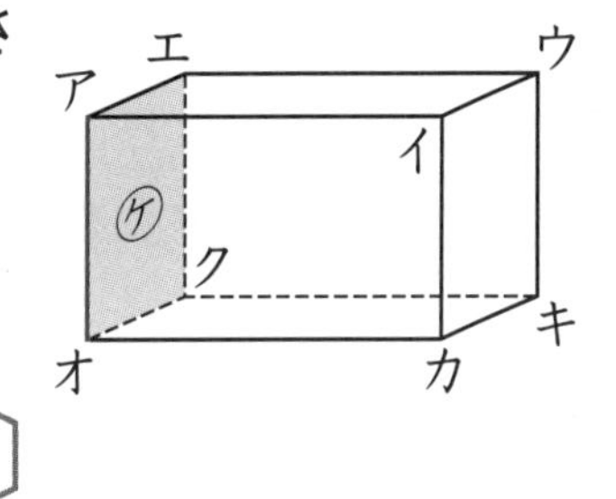

(1) 辺(へん)は全部で何本ありますか。

〔　　　　〕

(2) 辺アオと平行な辺をすべて答えなさい。

〔　　　　〕

(3) 面㋘に垂直(すいちょく)な辺をすべて答えなさい。

〔　　　　〕

月　日　答え ➡ 別さつ32ページ

そうふく習テスト②

時間 40分　合かく 80点　とく点　　点

1 2から6までの数字をそれぞれ1回ずつ使って，5けたの数をつくります。四捨五入して百の位までのがい数にしたとき，26400になる整数を2こつくりなさい。(8点)

2	3	4	5	6

〔　　　　　　〕

2 ある数を72でわるのをまちがえて27でわったため，答えが14あまり10になりました。正しい答えを求めなさい。(8点)

〔　　　　　　〕

3 4mで重さが0.6kgのはり金があります。このはり金1kg分の長さは約何mになりますか。答えは，小数第二位を四捨五入して，小数第一位までのがい数で求めなさい。(8点)

〔　　　　　　〕

4 けんたさんは，日曜日にテレビを，午前中に$\frac{4}{5}$時間，午後に$1\frac{3}{5}$時間見ました。1日に何時間テレビを見ましたか。(8点)

〔　　　　　　〕

5 子ども26人とおとな9人でハイキングに行きます。昼食に，参加者(さんかしゃ)全員がサンドイッチとおにぎりのどちらかを注文しました。

昼食の注文調べ　(人)

	サンドイッチ	おにぎり	合計
子ども			
おとな			
合計			

サンドイッチを注文した人は14人で，そのうちおとなは5人です。右上の表に調べた人数をまとめなさい。(8点)

6 下の表は，ともこさんとお母さんの年れいを表にしたものです。

(18点/1つ6点)

ともこさんとお母さんの年れい

ともこさんの年れい（才）	10	15	20	25	
お母さんの年れい　（才）	43				

(1) 上の表の空いているところに数を書き入れなさい。

(2) ともこさんの年れいを□才，お母さんの年れいを○才として，□と○の関係(かんけい)を式に表しなさい。

〔　　　　　　　　〕

(3) ともこさんは今，10才です。お母さんの年れいがともこさんの年れいの2倍になるのは，今から何年後ですか。

〔　　　　　　　　〕

7 右の図のように，おはじきをならべました。右の図を見て，おはじきのこ数を求めるように，1つの式に表しなさい。(9点)

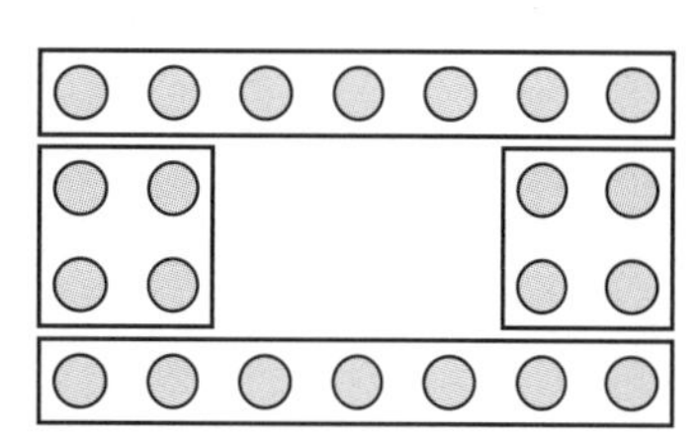

〔　　　　　　　　〕

8 たて20m，横45mの長方形の土地があります。(12点/1つ6点)

(1) この土地の面積(めんせき)は何aですか。

〔　　　　　〕

(2) この土地の面積の半分を，たて12mの長方形の畑にすることにしました。畑の横の長さは何mにすればよいですか。

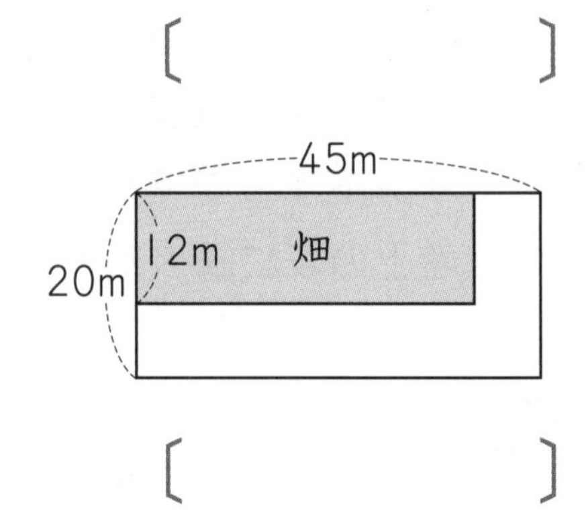

〔　　　　　〕

9 次のように，あるきまりにしたがって，ご石を正三角形の形にならべていきます。(21点/1つ7点)

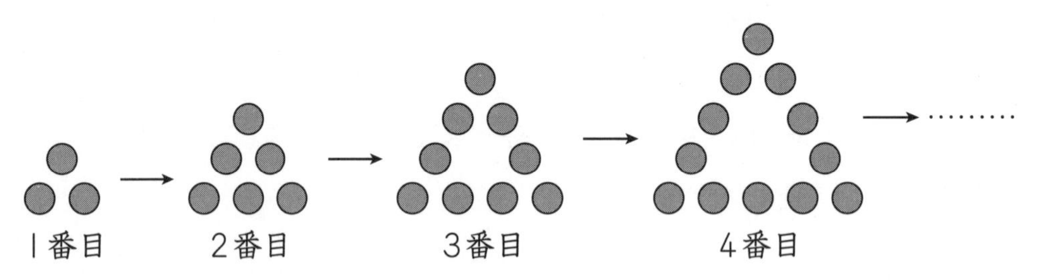

(1) 5番目にならんでいるご石の数は何こですか。

〔　　　　　〕

(2) □番目にならんでいるご石の数を○こととして，□と○の関係(かんけい)を式に表しなさい。

〔　　　　　〕

(3) ご石が45こならぶのは何番目ですか。

〔　　　　　〕

答え

小4 標準問題集 文章題・図形

3年のふく習① 2~3ページ

1 (1)5まい
(2)6人に分けられて，3まいあまる。
2 6本
3 1512円
4 1kg700g
5 (1)1km340m (2)280m
6 (1)午前8時45分 (2)3時間10分
7 5.3dL

とき方

1 (1)45÷9=5(まい)
(2)45÷7=6あまり3

ここに注意 (2)答えを出した後，(1人分の数)×(人数)+(あまり)=(全部の数)にあてはめて，答えをたしかめるようにします。7×6+3=45(まい)だから，答えが合っていることがわかります。この式は，(わる数)×(商)+(あまり)=(わられる数)と同じことです。

2 18本を3こ分としたときの1こ分を求めればよいので，18÷3=6(本)
3 54×28=1512(円)
4 2kg500g=2000g+500g=2500g
よって，2500−800=1700(g)
1700g=1kg700g
5 (1)850+490=1340(m)
1340m=1km340m
(2)家から駅までのきょりは，
1km60m=1060mなので，道のりときょりのちがいは，1340−1060=280(m)
6 (1)9時10分−25分
=8時70分−25分=8時45分
(2)11−8=3(時間)，55−45=10(分)
7 はじめの牛にゅうの量を□dLとすると，
□−3.6=1.7
□=1.7+3.6=5.3

3年のふく習② 4~5ページ

1 (1)(円の)中心，(円の)半径 (2)半分
(3)円 (4)辺，角
2 (1)6cm (2)二等辺三角形
3 80cm
4 ㋐12 ㋑15 ㋒55 ㋓15 ㋔145
5 (1)㋐8 ㋑5 (2)35人

とき方

1 (1)円の中心と円のふちを結ぶ直線はどこでも同じ長さです。

ここに注意 (3)球をどのように切っても，その切り口は円になります。

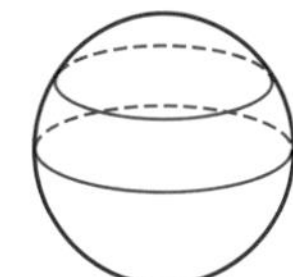

(4)正三角形の角はすべて同じ大きさなので，
180°÷3=60°です。
2 (1)正三角形の3つの辺の長さは等しいので，アイ，アウの長さは，イウの長さと等しく6cmです。
(2)アウとアエはどちらも円の半径で長さが等しいので，三角形アウエは，2つの辺の長さが等しい三角形，つまり二等辺三角形です。
3 ボールの直径は，半径の2倍だから，
4×2=8(cm)です。箱のたての長さは，ボール3つ分で8×3=24(cm)，横の長さは，ボール2つ分で8×2=16(cm)
よって，まわりの長さは，
24×2+16×2=80(cm)
4 ㋐4月の合計から，
43−(16+7+8)=12(人)
または，切りきずの合計から，
29−(9+8)=12(人)
㋑打ち身の合計から，40−(7+18)=15(人)
㋒5月の合計を求めると，
21+9+15+10=55(人)
㋓6月の合計から，47−(8+18+6)=15(人)
または，すりきずの合計から，
52−(16+21)=15(人)

ひっぱると，はずして使えます。

㋔けがの合計を求めると，
52＋29＋40＋24＝145(人)
または，4月，5月，6月の合計を求めると，
43＋55＋47＝145(人)

5 (1)ぼうグラフの1目もりは1人なので，
㋐のハンバーグは8目もりで8人，㋑のラーメンは5目もりで5人です。
(2)12＋8＋3＋5＋7＝35(人)

1 大きい数のしくみ

ステップ1　6~7ページ

1 (1)二十億五千八百万百九十四
(2)百四兆九千五百六億二十万七千

2 (1)526000000
(2)20908000000000
(3)700300000
(4)10048000000000
(5)260000000000

3 ㋐7600億　㋑9800億
㋒1兆400億　㋓1兆1500億

4 (1)400億　(2)80億　(3)50万　(4)200億

5 (1)62億　(2)6億2000万
(3)952億　(4)952億

とき方

2 (1)5億(5/0000/0000)と
2600万(2600/0000)をあわせます。
(2)20兆(20/0000/0000/0000)と
9080億(9080/0000/0000)をあわせます。
(3)7億と30万をあわせます。
(4)10兆と480億をあわせます。
(5)2600億になります。

> **ここに注意** 大きな数を読み書きするときは，万・億・兆の位ごとに4けたずつ区切ります。

3 8000億と9000億の1000億の間に10この目もりがあるので，1目もりは100億を表しています。

4 (1)10倍すると，位が1つ上がります。
(2)100倍すると，位が2つ上がります。8000万を10倍すると8億，さらに10倍すると80億になります。
(3)10でわると，位が1つ下がります。
(4)100でわると，位が2つ下がります。2兆を10でわると2000億，さらに10でわると200億になります。

5 (4)1万×1万(10000×10000)は，
1億(1/0000/0000)になります。

ステップ2　8~9ページ

1 (1)5　(2)25，930　(3)25093

2 (1)10倍　(2)100倍

3 (1)<　(2)<　(3)>　(4)>

4 (1)9000万　(2)1億2000万
(3)1兆　(4)9500億

5 (1)2700万　(2)2700億
(3)2700億　(4)2700兆

6 (1)9876543210　(2)1023456789
(3)9876543201

7 (1)257億8000万円　(2)51億4000万円

とき方

1 (2)25/0930/0000は25億930万だから，
1億を25こと1万を930こあわせた数です。
(3)25億930万は，1万を250930こ集めた数だから，10万を25093こ集めた数といえます。

2 100億を10倍すると位が1つ上がって1000億になり，1000億を10倍するとさらに位が1つ上がって1兆になります。よって，100億を100倍すると1兆になります。

3 不等号(>，<)を使って数の大小を表すときは，
(大)>(小)，(小)<(大)と書きます。

4 (1)1億を10000万と書くと，
10000万－1000万＝9000万
(2)9000万＋3000万＝12000万
→1億2000万
(3)8000億＋2000億＝10000億
これは1兆と同じ大きさです。
(4)1兆を10000億と書くと，
10000億－500億＝9500億

> **ここに注意** 1億を10000万，1兆を10000億と書いて考えることができます。

5 (3)1万×1万(10000×10000)は，
1億(1/0000/0000)になります。
(4)1億×1万(1/0000/0000×10000)は，
1兆(1/0000/0000/0000)になります。

6 (1)上の位の数字ができるだけ大きくなるように，大きい順に数字をならべます。

(2)上の位の数字ができるだけ小さくなるように，数字をならべます。ただし，0123456789は問題文の10けたの数にあてはまりません。そこで，いちばん上の位の数字を0の次に小さい1として，上から2番目の位の数字を0とします。

(3)(1)で求めた9876543210の上のほうの位が変わらないように，下の位を変えます。いちばん大きい数の十の位と一の位の数字を入れかえた数が，2番目に大きい数となります。

7 問題文の書き方にあわせて，〜億…万円という形で書きます。

(1)103億＋154億＝257億
2000万＋6000万＝8000万だから，
あわせて257億8000万となります。

(2)154億－103億＝51億
6000万－2000万＝4000万だから，
あわせて51億4000万となります。

2 計算の順じょときまり

ステップ1　10〜11ページ

1 (1)(左から)50，3，14
(2)(左から)20，6，90，2
(3)(左から)60，20，25(20と25は順不同)
(4)(左から)3，5，10(3と5は順不同)

2 (1)(式)5×3＋7×4　(答え)43まい
(2)(式)7×4－5×3　(答え)13まい

3 (1)(式)120×3＋80　(答え)440円
(2)(式)(左から)500，120，3，80
(答え)60円

4 (式)9＋12×2　(答え)33本

5 (1)(式)70×5＋80×2　(答え)510円
(2)(式)(左から)70，5，80，2，4
(答え)2040円

とき方

1 (1)配った折り紙は3×14(まい)なので，残りのまい数は，50－3×14(まい)

(2)えん筆の代金は20×6(円)，消しゴムの代金は，90×2(円)なので，代金の合計は，20×6＋90×2(円)

(3)きのうと今日で読んだページ数は20＋25(ページ)なので，残りのページ数は，60－(20＋25)(ページ)

(4)1つのふくろに入れるクッキーとあめは3＋5(こ)なので，10ふくろに入れるこ数は，(3＋5)×10(こ)

> **ここに注意**　＋，－，×，÷のまじった計算では，(　)がなくても，かけ算やわり算を先に計算します。例えば，50－(3×14)の(　)をなくして，50－3×14としても，計算のしかたは同じです。

2 (1)5×3＋7×4＝15＋28＝43(まい)
(2)7×4－5×3＝28－15＝13(まい)

3 (1)120×3＋80＝360＋80＝440(円)
(2)500－(120×3＋80)＝500－440＝60(円)

4 1ダースは12本だから，お父さんからもらったえん筆は12×2＝24(本)です。
よって，9＋12×2＝9＋24＝33(本)

5 (1)70×5＋80×2＝350＋160＝510(円)
(2)(70×5＋80×2)×4＝510×4＝2040(円)

ステップ2　12〜13ページ

1 (1)(式)80×4＋100×5　(答え)820円
(2)(式)100×5－80×4
(答え)プリンのほうが180円高い。

2 (式)2×3×7　(答え)42こ

3 (式)54÷(2×3)　(答え)9箱

4 (式)(4＋6)×2　(答え)20m

5 (式)(3200－200)÷10　(答え)300g

6 (式)(160－20)×5　(答え)700円

7 (1)6×2×2＋2×3×2
(2)6×7－2×3

とき方

1 (1)80×4＋100×5＝320＋500＝820(円)
(2)100×5－80×4＝500－320＝180(円)

2 1日に飲む薬は2×3(こ)なので，
1週間(7日)で，2×3×7＝6×7＝42(こ)

3 1つの箱にボールを2×3(こ)入れるので，
54このボールを入れる箱は，
54÷(2×3)＝54÷6＝9(箱)

> **ここに注意**　54÷(2×3)の計算で，(　)をなくすと，54÷2×3＝27×3＝81という計算になってしまいます。先に計算したい部分に(　)をつけることが大切です。

4 長方形のまわりの長さは，(たて＋横)×2で求められるから，(4＋6)×2＝10×2＝20(m)
または，(たて)×2＋(横)×2と考えて，
4×2＋6×2＝8＋12＝20(m)

5 りんご10この重さは，かごの分をひいて，3200−200(g)だから，1こ分の重さは，
(3200−200)÷10＝3000÷10＝300(g)

6 チョコレート1まいは160−20(円)だから，5まいの代金は，
(160−20)×5＝140×5＝700(円)
または，代金ははじめより20×5(円)安くなったので，
160×5−20×5＝800−100＝700(円)

7 (1)たて6こ，横2こにならんだおはじき2つ分と，たて2こ，横3こにならんだおはじき2つ分をあわせます。
(2)たて6こ，横7こにならんだおはじきから，たて2こ，横3こにならんだおはじきをのぞきます。

3 わり算の文章題

ステップ1　14~15ページ

1 (1)(上から)150，3　(2)50cm
2 200きゃく
3 39人
4 22束(たば)
5 12日
6 (1)60cm　(2)16本できて，40cmあまる。
7 (1)14ふくろ　(2)60こ

とき方

1 (2)(1人分の長さ)＝(全体の長さ)÷(人数)だから，1人分のリボンの長さは，
150÷3＝50(cm)

2 (何きゃく分)＝(全体の人数)÷(1きゃく分の人数)だから，800÷4＝200(きゃく)

3 (1台分の人数)＝(全体の人数)÷(台数)だから，117÷3＝39(人)

4 396÷18＝22(束)

5 240÷20＝24÷2＝12(日)

6 (1)840÷14＝60(cm)
(2)840÷50＝16あまり40より，50cmのリボンが16本できて，40cmあまります。

7 (1)500÷35＝14あまり10より，35こ入りのふくろは14ふくろできます。
(2)16ふくろまであと16−14＝2(ふくろ)で，チョコレートは10こあまっています。35×2＝70より，必要(ひつよう)なのはあと
70−10＝60(こ)

ステップ2　16~17ページ

1 27人
2 140円
3 22まい
4 (1)16組　(2)2組
5 32本できて，10cmあまる。
6 23さつ
7 (1)17回　(2)15回
8 417

とき方

1 1人が1回に2きゃくずつ持って4回運ぶので，1人が運んだいすの数は，2×4＝8(きゃく)です。216きゃくのいすを，1人が8きゃくずつ運んだので，運んだ人数は，
216÷8＝27(人)

2 1000円はらって，おつりが160円あったので，ノート6さつの代金は，
1000−160＝840(円)
ノート1さつのねだんは，840÷6＝140(円)

3 88÷5＝17あまり3より，5こ入りのふくろは17まいで，3こ入りのふくろが1まいあります。よって，キャラメルを入れたふくろは，
17＋1＝18(まい)
あまったふくろが4まいあるので，全部のふくろの数は，18＋4＝22(まい)

4 (1)134÷8＝16あまり6より，8人のグループが16組できて，6人のグループが1組できます。
(2)8人のグループから6人のグループへ1人うつると，7人のグループが2組できます。

5 4m90cm＝490cm
490÷15＝32あまり10より，15cmのテープは32本できて，10cmあまります。

6 1kg900g＝1900g
ノート何さつかの重さは，1900−520＝1380(g)で，ノート1さつの重さは60gだから，ノートの数は，1380÷60＝23(さつ)

7 (1)238÷14＝17(回)
(2)ロープウェーは16人乗りなので，1回に16人ずつ乗ったと考えます。238÷16＝14あまり14より，14回乗ると14人残(のこ)ります。残りの14人で1回乗るので，
14＋1＝15(回)

8 (わる数)×(商)＋(あまり)＝(わられる数)より，
54×7＋39＝417

4 がい数と見積もり

ステップ1　18~19 ページ

1 (1)600　(2)700　(3)600
(4)1200　(5)1300　(6)1300
(7)900　(8)1000　(9)1000

2 (1)千の位まで 35000
上から2けた 35000
(2)千の位まで 708000
上から2けた 710000

3 (1)2500, 3499　(2)2500, 3500
(3)2950, 3049

4 (1)北川町 12000 人　南山町 7000 人
(2)約 19000 人　(3)約 5000 人

5 (1)約 60000m　(2)60800m

とき方

1 切り捨て→百の位の数字はそのまま, 十の位と一の位の数字を0とします。
切り上げ→百の位の数字を1大きくし, 十の位と一の位の数字を0とします。
四捨五入→十の位の数字が0, 1, 2, 3, 4のときは切り捨てと同じようにして, 十の位の数字が5, 6, 7, 8, 9のときは切り上げと同じようにします。
(9)953 の十の位を四捨五入すると, 百の位の9が1大きくなり 10 になるから, 千の位が1, 百の位と十の位と一の位が0になります。

2 (1)34900 は,「千の位」と「上から2けた」が同じになります。

> **ここに注意**　千の位までのがい数にするときは, 1つ下の百の位を四捨五入します。また, 上から2けたのがい数にするときは, 上から3けた目を四捨五入します。

3 (1)(2)四捨五入して 3000 になる数のはんいを数直線にかくと, 下のようになります。

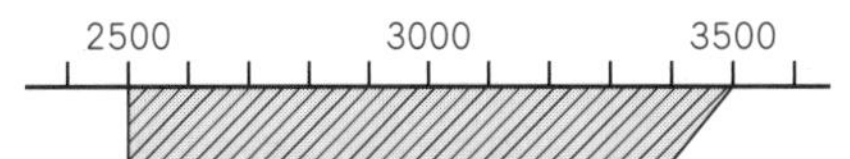

いちばん小さい整数は 2500 で, ちょうど 2500 か, 2500 より大きいことを「2500 以上」と表します。また, いちばん大きい整数は 3499 です。3500 をふくまずに 3500 より小さいことを「3500 未満」と表します。また, 同じことを「3499 以下」と表すこともできます。

4 (1)百の位を四捨五入します。
(2)12000＋7000＝19000(人)
(3)12000－7000＝5000(人)

5 (1)1900 と 32 を上から1けたのがい数にするとそれぞれ, 2000 と 30 になるから,
2000×30＝60000(m)
(2)1900×32＝60800(m)

> **ここに注意**　積を見積もるときは, ふつう, かけられる数とかける数を上から1けたのがい数にしてから, 計算します。また, 商を見積もるときは, ふつう, わられる数を上から2けた, わる数を上から1けたのがい数にしてから計算し, 商は上から1けただけ求めます。

ステップ2　20~21 ページ

1 (1)19350, 19871　(2)20500, 20489
(3)19871, 20489

2 (1)73456, 73465, 73546
(2)65734, 65743

3 (1)26500 人以上 27499 人以下
(2)26500 人以上 27500 人未満

4 約 6000000 円(約6百万円)

5 (1)約 200000 円　(2)約 900 円

とき方

2 (1)上から2けたは 73 で, 百の位は4か5が考えられます。百の位が4のとき, 73456 と 73465 の十の位を四捨五入すると, どちらも 73500 になります。百の位が5のときは, 73546 の十の位を四捨五入すると 73500 となり, あてはまります。73564 の十の位を四捨五入すると 73600 となるので, これはあてはまりません。
(2)上から2けたは 65 で, 上から3けた目は, 残りの3, 4, 7の中で5以上である7とわかります。

3 (2)27500 人より少なく, 27500 人をふくまないことを, 27500 人未満と表します。

4 1800 と 3197 を上から1けたのがい数にするとそれぞれ, 2000 と 3000 になるから,
2000×3000＝6000000(円)

5 (1)500×400＝200000(円)
(2)356200 を上から2けたのがい数にすると 360000, 389 を上から1けたのがい数にすると 400 になるから,
360000÷400＝900(円)

1~4

ステップ3

22~23ページ

1 (1)2470兆 (2)24兆7000億

2 9

3 木曜日

4 14

5 (1)①(左から)×，＋，×

②(左から)÷，－，÷

(2)① 例：210円のボールペンを5本と120円のえん筆を3本買ったとき，合計で何円になりますか。

(答え) 1410円

② 例：210本のボールペンを5本ずつ分けるときと，120本のえん筆を3本ずつ分けるときでは，どちらのほうが何人多くの人に配ることができますか。

(答え) ボールペンのほうが2人多く配ることができる。

6 35

とき方

1 (1) 1億×1万＝10000億＝1兆です。

(2) 3億8000万＝38億×$\frac{1}{10}$，

6万5000＝65万×$\frac{1}{10}$だから，(1)をもとにすると，2けた分小さい数になります。

2 ある数を□とします。

わる数×商＋あまり＝わられる数より，

□×41＋6＝375

□×41＝369

よって，□＝9

3 月曜日から金曜日までは12ページずつ読み，土曜日と日曜日は28ページずつ読むので，

1週間に読むページ数は，

12×5＋28×2＝116(ページ)

1000÷116＝8あまり72より，8週目の土曜日に読み終えたとき，72ページ残っています。次の日の日曜日に28ページ読むので，72－28＝44(ページ)残ります。44÷12＝3あまり8より，月曜日から水曜日までの3日間は12ページずつ読み，木曜日に8ページ読むと，本を全部読み終えます。よって，本を読み終えるのは，木曜日です。

4 88，888，8888，88888をそれぞれ37でわったあまりは，次のようになります。

```
     2             24
37)88         37)888
   74            74
   14            148
                 148
                   0

     240           2402
37)8888       37)88888
   74            74
   148           148
   148           148
     8             88
                   74
                   14
```

88と88888を37でわったあまりはどちらも14なので，けたが1つふえるごとに，あまりは

14→0→8→14→0→8→14→…

と変わっていくことがわかります。よって，あまりが14になるのは，2けた→5けた→8けた→11けた→14けた→17けた→20けたのときです。

5 (2)210×5…「210」を5こあつめる

210÷5…「210」を5こずつに分ける

というようなかけ算，わり算の意味をもとにして考えます。

6 27と62の一の位を四捨五入してからたすと，

30＋60＝90

よって，170－90＝80より，aとbの一の位を四捨五入してからたすと80になることがわかります。このことと，bからaをひくと9になることから，aとbの一の位を四捨五入すると，30と50になるか，どちらも40になると考えられます。

aが30，bが50になるとき，aのいちばん大きい数は34，bのいちばん小さい数は45だから，45－34＝11より，bからaをひいた差は11以上になり，問題に合いません。

そこで，aが40，bが40になるときを考えると，aとbが35以上44以下の整数であることから，aが35，bが44のときにだけ，bからaをひいた差が9になります。

5 小数のたし算とひき算

ステップ1　24~25ページ

1 6.34kg
2 (1)1.73L　(2)0.43L
3 (1)5.66km
(2)西山駅から運動公園までの道のりのほうが，2.22km 長い。
4 (1)5.16m　(2)2.29m
5 (1)8.4kg　(2)5.01kg
6 2.36

とき方

1 0.84＋5.5＝6.34(kg)
2 (1)0.65＋1.08＝1.73(L)
(2)1.08－0.65＝0.43(L)
3 (1)3.94＋1.72＝5.66(km)
(2)3.94－1.72＝2.22(km)
4 (1)6.51－1.35＝5.16(m)
(2)(もとの長さ)－(切り取った長さ)＝(残った長さ)より，(切り取った長さ)＝(もとの長さ)－(残った長さ)だから，切り取った長さは，5.16－2.87＝2.29(m)
5 (1)7.24＋1.16＝8.4(kg)
(2)ゆみさんのかばんの重さは，
7.24－3.85＝3.39(kg)
あきらさんのかばんの重さは，(1)より，8.4kg だから，2人のかばんの重さのちがいは，
8.4－3.39＝5.01(kg)
別のとき方　あきらさんのかばんは，ひとみさんのかばんより 1.16kg 重く，ゆみさんのかばんは，ひとみさんのかばんより 3.85kg 軽いことから，2人のかばんの重さのちがいは，
1.16＋3.85＝5.01(kg)
6 ある数を□とすると，5.7＋□＝9.04 となるので，□＝9.04－5.7＝3.34
よって，正しい答えは，5.7－3.34＝2.36

ステップ2　26~27ページ

1 2.84L
2 2.55m
3 7.74m
4 (1)あおいさんのほうが 0.27L 多く入れた。
(2)1.43L
5 7.85kg
6 0.72m
7 5.23L
8 (1)4.78m　(2)22.52m

とき方

1 1L＝10dL より，1dL＝0.1L だから，
8.8dL＝0.88L
よって，1.96＋0.88＝2.84(L)

ここに注意　たし算・ひき算で，2つの量の単位がちがうときは，単位をそろえてから計算します。1dL＝0.1L より，dL から L の単位に変えるときは，各位の数字は位が1つ下がります。

2 1m＝100cm より，1cm＝0.01m だから，
53cm＝0.53m
よって，3.08－0.53＝2.55(m)
3 2.51＋2.27＝4.78(m)，4.78＋2.96＝7.74(m)
4 (1)0.92－0.65＝0.27(L)
(2)3L から，あおいさんが 0.92L 入れたので，3－0.92＝2.08(L)残ります。次に，2.08L から，妹が 0.65L 入れたので，2.08－0.65＝1.43(L)残ります。
別のとき方　あおいさんと妹が入れた麦茶をあわせて，0.92＋0.65＝1.57(L)
よって，残った麦茶は，3－1.57＝1.43(L)
5 1kg＝1000g より，10g＝0.01kg だから，
350g＝0.35kg
りんごの重さは，全体の重さからかごの重さをのぞいた重さだから，8.2－0.35＝7.85(kg)
6 白色のリボンは，赤色のリボンより 0.35m 短いので，1.29－0.35＝0.94(m)
青色のリボンは，白色のリボンより 0.22m 短いので，0.94－0.22＝0.72(m)
7 ペットボトルとびんの水をあわせると，
1.73＋2.54＝4.27(L)
水そうに 4.27L 入れると 9.5L になったのだから，はじめに入っていた水は，
9.5－4.27＝5.23(L)
8 (1)1m＝100cm より，10cm＝0.1m だから，
70cm＝0.7m
よって，1m70cm＝1.7m
たては横より 1.7m 短いので，たての長さは，
6.48－1.7＝4.78(m)
(2)たて 4.78m，横 6.48m より，たてと横の長さをあわせると，4.78＋6.48＝11.26(m)
よって，花だんのまわりの長さは，
11.26＋11.26＝22.52(m)

ここに注意　長方形のまわりの長さは，たての長さ2つ分と横の長さ2つ分の和です。下のように，たてと横の長さの和を求めると，その2つ分の長さが，まわりの長さになります。

(たて)＋(横)

6 小数のかけ算

ステップ1　28~29ページ

1 (1)(上から)2.6，3　(2)7.8g
2 6.5m
3 19.6kg
4 23m
5 (1)7.2km　(2)45.6km
6 4.44m
7 (1)100km　(2)525km

とき方

1 (2)2.6×3＝7.8(g)

ここに注意　1つ分の数が小数であっても，整数のときと同じように，(1つ分の数)×(いくつ分)＝(全体の数)にあてはめて求められます。

2 1.3×5＝6.5(m)
3 1日で2.8kg使うので，1週間(7日)で使う重さは，2.8×7＝19.6(kg)
4 0.46×50＝23(m)
5 (1)1日に走るきょりは，1.2×2＝2.4(km)だから，3日間で走るきょりは，2.4×3＝7.2(km)になります。
(2)19日間で走るきょりは，2.4×19＝45.6(km)
別のとき方 (1)3日間で公園を2×3＝6(周)するので，走ったきょりは，1.2×6＝7.2(km)
(2)19日間で公園を2×19＝38(周)するので，走ったきょりは，1.2×38＝45.6(km)
6 0.74×6＝4.44(m)
7 (1)12.5×8＝100(km)
(2)12.5×42＝525(km)

ステップ2　30~31ページ

1 38.4cm
2 162m
3 26.8kg
4 24.14m
5 1.3L
6 5.64kg
7 8.3L
8 1.44kg
9 (1)71.6km　(2)34.8km

とき方

1 (正方形のまわりの長さ)＝(1辺の長さ)×4だから，9.6×4＝38.4(cm)
2 1m＝100cmより，10cm＝0.1mだから，50cm＝0.5m，0.5×324＝162(m)
3 1箱の重さは，かんづめ8こと箱の重さをあわせて，0.7×8＋1.1＝5.6＋1.1＝6.7(kg)
よって，4箱の重さは，6.7×4＝26.8(kg)
別のとき方 かんづめは全部で8×4＝32(こ)あるから，かんづめの重さは，0.7×32＝22.4(kg)
また，箱4この重さは，1.1×4＝4.4(kg)
よって，全体の重さは，22.4＋4.4＝26.8(kg)
4 34cm＝0.34m
28人に0.85mずつ配ったから，配った長さは0.85×28＝23.8(m)
はじめの長さは，これより0.34m長いので，23.8＋0.34＝24.14(m)
5 1日に0.3Lずつ14日間飲むから，0.3×14＝4.2(L)
よって，残ったジュースは，5.5－4.2＝1.3(L)
6 7つのふくろに0.6kgずつ入っているから，0.6×7＝4.2(kg)
3つのふくろに0.48kgずつ入っているから，0.48×3＝1.44(kg)
よって，全部の重さは，4.2＋1.44＝5.64(kg)
7 1L＝10dLより，1dL＝0.1Lだから，51dL＝5.1L
8つのコップに0.4Lずつ入れたから，コップに入れた牛にゅうは，0.4×8＝3.2(L)
よって，はじめにあった牛にゅうは，3.2＋5.1＝8.3(L)
8 1つの箱の重さは，18÷2＝9(kg)で，1つの箱に入っている12このボールの重さは，0.63×12＝7.56(kg)だから，箱だけの重さは，9－7.56＝1.44(kg)

9 (1) 2時間歩くと，4.2×2＝8.4(km)進み，自転車で4時間走ると，15.8×4＝63.2(km)進むから，全部で，8.4＋63.2＝71.6(km)

(2) 3時間歩くと，4.2×3＝12.6(km)進み，自転車で3時間走ると，15.8×3＝47.4(km)進むから，47.4－12.6＝34.8(km)

別のとき方　1時間に進む道のりのちがいは，15.8－4.2＝11.6(km)なので，3時間に進む道のりのちがいは，11.6×3＝34.8(km)

7 小数のわり算

ステップ1　32~33ページ

1 (1)(上から)4.2，3　(2)1.4m

2 0.9m

3 0.42L

4 0.65kg

5 0.15kg

6 (1)14はいできて，0.8dLあまる。(2)19はい

7 (1)1.4m　(2)約(やく)1.9m

とき方

1 (2)4.2÷3＝1.4(m)

> **ここに注意**　全体の数が小数であっても，整数のときと同じように，(1つ分の数)＝(全体の数)÷(いくつ分)にあてはめて求(もと)められます。

2 5.4÷6＝0.9(m)

3 6.3÷15＝0.42(L)

4 5.2÷8＝0.65(kg)

5 2.7÷18＝0.15(kg)

6 (1)(いくつ分)＝(全体の数)÷(1つ分の数)より，56.8÷4＝14あまり0.8

(2)56.8÷3＝18あまり2.8より，3dL入ったコップが18ぱいできて，2.8dL入ったコップが1ぱいできます。よって，全部で18＋1＝19(はい)

> **ここに注意**　小数のわり算では，あまりの小数点は，わられる数の小数点にそろえてうちます。このとき，(わられる数)＝(わる数)×(商)＋(あまり)にあてはめて答えのたしかめをすると，まちがいが少なくなります。

7 (1)16.8÷12＝1.4(m)

(2)16.8÷9＝1.86…　より，約1.9(m)

ステップ2　34~35ページ

1 0.78kg

2 0.53m

3 1.28倍

4 4.53m

5 2.2円

6 8本できて，1.1mあまる。

7 約0.9kg

8 0.575kg

9 (1)4.86m　(2)1.715倍

とき方

1 1kg＝1000gより，10g＝0.01kgだから，260g＝0.26kg

1このびんに入れるコーヒー豆の重さは，7.8÷15＝0.52(kg)だから，求める重さは，0.52＋0.26＝0.78(kg)

2 1m＝100cmより，1cm＝0.01mだから，39cm＝0.39m

7人に分けたリボンの長さは，4.1－0.39＝3.71(m)だから，1人分の長さは，3.71÷7＝0.53(m)

3 32kgは25kgの□倍とすると，25×□＝32より，□＝32÷25＝1.28(倍)

4 (正方形のまわりの長さ)＝(1辺(へん)の長さ)×4より，(1辺の長さ)＝(正方形のまわりの長さ)÷4にあてはめて，1辺の長さは，18.12÷4＝4.53(m)

5 165÷75＝2.2(円)

6 25.1÷3＝8あまり1.1より，8本できて1.1mあまります。

7 13÷15＝0.86…　より，約0.9kg

8 1kg＝1000gより，100g＝0.1kgだから，700g＝0.7kg

ボール24この重さは，14.5－0.7＝13.8(kg)だから，ボール1この重さは，13.8÷24＝0.575(kg)

9 (1)長方形のたてと横の長さの和は，まわりの長さの半分だから，13.72÷2＝6.86(m)

よって，たての長さは，6.86－2＝4.86(m)

別のとき方　まわりの長さから横の長さ2つ分をひくと，13.72－2×2＝9.72(m)

この長さはたて2つ分の長さだから，たての長さは，9.72÷2＝4.86(m)

(2) 1辺が2mの正方形のまわりの長さは，
$2\times4=8$(m)
よって，板のまわりの長さは，正方形のまわりの長さの，$13.72\div8=1.715$(倍)

8 分数の種類

ステップ1 36~37ページ

1 (1)(順(じゅん)に)真分数，小さい
(2)(順に)5，仮分数(かぶんすう)
(3)(順に)3，2，5，真分数，帯分数(たいぶんすう)

2 1より小さい分数…$\frac{1}{2}$，$\frac{5}{6}$
1に等しい分数…$\frac{4}{4}$，$\frac{6}{6}$
1より大きい分数…$\frac{4}{3}$，$\frac{8}{5}$

3 真分数…$\frac{5}{8}$，$\frac{11}{15}$　仮分数…$\frac{7}{6}$，$\frac{3}{3}$
帯分数…$2\frac{2}{3}$，$1\frac{8}{9}$

4 (1) $\frac{5}{4}$　(2) $\frac{7}{2}$　(3) $\frac{14}{5}$　(4) $1\frac{4}{5}$
(5) $3\frac{1}{3}$　(6) 3

5 (1) $\frac{2}{4}$，$\frac{3}{6}$，$\frac{4}{8}$　(2) $\frac{2}{6}$，$\frac{3}{9}$　(3) $\frac{6}{8}$

とき方

2 分子と分母が同じ分数は，1に等しくなります。また，分子が分母より小さい分数は1より小さく，分子が分母より大きい分数は1より大きくなります。

4 (1) $\frac{1}{4}$が$4\times1+1=5$(こ)だから，$1\frac{1}{4}=\frac{5}{4}$
(2) $\frac{1}{2}$が$2\times3+1=7$(こ)だから，$3\frac{1}{2}=\frac{7}{2}$
(3) $\frac{1}{5}$が$5\times2+4=14$(こ)だから，$2\frac{4}{5}=\frac{14}{5}$
(4) $9\div5=1$あまり4より，$\frac{9}{5}=1\frac{4}{5}$
(5) $10\div3=3$あまり1より，$\frac{10}{3}=3\frac{1}{3}$
(6) $18\div6=3$より，$\frac{18}{6}=3$

> **ここに注意** $\frac{1}{6}$が6こ分で1になるから，$\frac{1}{6}$が12こ分で2，18こ分で3になります。

5 数直線はどれも0から1までのものなので，たてにならぶものが等しい数になります。

ステップ2 38~39ページ

1 (左上から) $\frac{3}{5}$，$\frac{4}{5}$，$\frac{7}{5}$，$\frac{8}{5}$，$\frac{9}{5}$，
$1\frac{2}{5}$，$1\frac{3}{5}$，$1\frac{4}{5}$

2 (1)(左から)2，3，4　(2)(左から)4，9
(3)(左から)4，6，4　(4)(左から)6，9，4

3 (1)(順に)5，15　(2)(順に)7，12，17
(3)(順に)真分数，帯分数，仮分数

4 (1) $\frac{1}{4}$，$\frac{1}{5}$，$\frac{1}{6}$，$\frac{1}{9}$
(2) $3\frac{1}{7}$，$2\frac{4}{7}$，$2\frac{2}{7}$，$\frac{15}{7}$

5 イ，エ

6 (左上から) $\frac{3}{10}$，$\frac{4}{10}$，$\frac{7}{10}$，$\frac{8}{10}$，$\frac{9}{10}$，
0.2，0.5，0.7，0.8，0.9

7 (1) $=$　(2) $<$　(3) $>$　(4) $<$　(5) $=$　(6) $>$

とき方

1 数直線の上は，真分数から仮分数，下は整数と帯分数で表されています。

2 (1) $\frac{1}{2}$…2等分した1つ分
$\frac{2}{4}$…4等分した2つ分
$\frac{3}{6}$…6等分した3つ分
$\frac{4}{8}$…8等分した4つ分
分子と分母に同じ数をかけると，上の4つの分数のように，数直線で同じところにある分数になります。

3 (1) 3は$\frac{1}{5}$を$5\times3=15$(こ)あつめた数です。
(2) $3\frac{2}{5}=3+\frac{2}{5}=2+1+\frac{2}{5}$
$=2+\frac{5}{5}+\frac{2}{5}=2+\frac{7}{5}=2\frac{7}{5}$
整数と仮分数を組み合わせた形は，帯分数とはいえませんが，計算のとちゅうでは使うことがあります。

4 (1)分子が同じなので，分母が小さい順にならべます。
(2) $\frac{15}{7}=2\frac{1}{7}$とすると，すべてを帯分数という形でくらべることができます。帯分数どうしでは，整数の部分が大きい分数ほど大きくなります。整数の部分が同じときは，分数の部分が大きい分数ほど大きくなります。

5 色がぬられている部分を分数で表すと，

ア… $\frac{3}{10}$　イ… $\frac{3}{5}$　ウ… $\frac{3}{10}$

エ… $\frac{6}{10}=\frac{3}{5}$

6 数直線の上は真分数から仮分数，下は小数で表されています。

7 小数どうしにしてくらべると，

(1)0.2 と 0.2

(2)1.2 と 1＋0.4＝1.4

(3)2.3 と 2.2

(4)0.4 と 0.6

(5)2＋0.4＝2.4 と 2.4

(6)3＋0.4＝3.4 と 3.3

9 分数のたし算とひき算

ステップ 1　40~41 ページ

1 $\frac{3}{7}$ L

2 2kg

3 (1) $16\frac{2}{3}$ km　(2)25km

4 (1)1 L　(2) $\frac{1}{5}$ L

5 $1\frac{1}{5}$ L

6 $\frac{5}{7}$ m

7 $1\frac{1}{9}$ km

とき方

1 $\frac{2}{7}+\frac{1}{7}=\frac{3}{7}$ (L)

2 $1\frac{1}{6}+\frac{5}{6}=1\frac{6}{6}=2$ (kg)

3 (1) $8\frac{1}{3}+8\frac{1}{3}=16\frac{2}{3}$ (km)

(2) $16\frac{2}{3}+8\frac{1}{3}=24\frac{3}{3}=25$ (km)

4 (1) $\frac{2}{5}+\frac{3}{5}=\frac{5}{5}=1$ (L)

(2) $\frac{3}{5}-\frac{2}{5}=\frac{1}{5}$ (L)

5 $1\frac{4}{5}-\frac{3}{5}=1\frac{1}{5}$ (L)

6 $1=\frac{7}{7}$ だから，

$1-\frac{2}{7}=\frac{7}{7}-\frac{2}{7}=\frac{5}{7}$ (m)

7 $1\frac{8}{9}-\frac{7}{9}=1\frac{1}{9}$ (km)

ステップ 2　42~43 ページ

1 $2\frac{2}{5}$ kg

2 (1) $1\frac{4}{5}$ 時間　(2) $\frac{3}{5}$ 時間

3 (1) $\frac{5}{8}$ L　(2) $2\frac{3}{8}$ L

4 (1)けいたさんの家から駅までが $\frac{3}{7}$ km 長い。

(2) $\frac{2}{7}$ km

5 $8\frac{8}{9}$ m

6 (1) $4\frac{1}{5}$ kg　(2) $3\frac{3}{5}$ kg

とき方

1 $1\frac{3}{5}+\frac{4}{5}=1\frac{7}{5}=2\frac{2}{5}$ (kg)

$1\frac{7}{5}$ のような整数と仮分数（かぶんすう）を組み合わせた形は，帯分数ではありません。答えの形には使いませんが，計算のとちゅうでは使います。

2 (1) $\frac{3}{5}+1\frac{1}{5}=1\frac{4}{5}$ (時間)

(2) $1\frac{1}{5}-\frac{3}{5}=\frac{6}{5}-\frac{3}{5}=\frac{3}{5}$ (時間)

3 (1) $\frac{4}{8}+\frac{1}{8}=\frac{5}{8}$ (L)

(2) $3-\frac{5}{8}=2\frac{8}{8}-\frac{5}{8}=2\frac{3}{8}$ (L)

4 (1) $1\frac{2}{7}-\frac{6}{7}=\frac{9}{7}-\frac{6}{7}=\frac{3}{7}$ (km)

(2)学校の前を通って行くときの道のりは，

$\frac{6}{7}+\frac{5}{7}=\frac{11}{7}=1\frac{4}{7}$ (km)

よって，まっすぐ行くよりも，

$1\frac{4}{7}-1\frac{2}{7}=\frac{2}{7}$ (km)遠くなります。

5 たてと横の長さの和は，

$1\frac{5}{9}+2\frac{8}{9}=3\frac{13}{9}=4\frac{4}{9}$ (m)

長方形のまわりの長さは，(たて ＋ 横)の2つ分の長さだから，$4\frac{4}{9}+4\frac{4}{9}=8\frac{8}{9}$ (m)

6 (1) $2\frac{4}{5}+1\frac{2}{5}=3\frac{6}{5}=4\frac{1}{5}$ (kg)

(2) $4\frac{1}{5}-\frac{3}{5}=3\frac{6}{5}-\frac{3}{5}=3\frac{3}{5}$ (kg)

5~9

ステップ3

44~45ページ

❶ 1.57kg

❷ (1)9.46m　(2)9.43m

❸ (1)8.84kg　(2)730g

❹ 3.5km

❺ (1)1人分…2m　残り(のこ)…350cm

(2)1人分…2m10cm　残り…80cm

❻ (1)$3\frac{5}{7}$km　(2)$\frac{6}{7}$km

とき方

❶ 箱の重さは，750g＝0.75kg

3.76－1.35－0.75＝1.57(kg)

❷ のりしろは，3cm＝0.03m

(1)のりしろは2か所です。

3.92－0.03＋2.35－0.03＋3.25＝9.46(m)

(2)のりしろがもう1か所ふえます。

9.46－0.03＝9.43(m)

❸ (1)1人が260g＝0.26kgずつ持ってくる予定なので，0.26×34＝8.84(kg)

(2)9.57－8.84＝0.73(kg)＝730(g)

❹ 残り3つの区間は

23.4－4.7－5.2－3＝10.5(km)を3等分します。

10.5÷3＝3.5(km)

❺ (1)では，商が整数になるように計算し，あまりを求め(もと)ます。

(2)では，商が小数第一位(しょうすうだいいちい)までになるように計算し，あまりを求めます。小数÷整数の筆算では，わられる数の小数点にあわせて，商とあまりに小数点をうちます。

(1)
```
      2
27)57.5
   54
    3.5
```

(2)
```
      2.1
27)57.5
   54
    3.5
    2 7
    0.8
```

❻ (1)$\frac{4}{7}+1\frac{5}{7}+1\frac{3}{7}=2\frac{12}{7}=3\frac{5}{7}$(km)

(2)$\frac{4}{7}+1\frac{5}{7}-1\frac{3}{7}=\frac{4}{7}+\frac{2}{7}=\frac{6}{7}$(km)

10 折れ線グラフ

ステップ1

46~47ページ

❶ (1)横のじく…時こく　たてのじく…気温

(2)24度　(3)3度

(4)午前6時から午後2時までの間

(5)午前12時から午後2時までの間

(6)午後4時から午後6時までの間

❷ (1)④　(2)②　(3)③　(4)①

❸

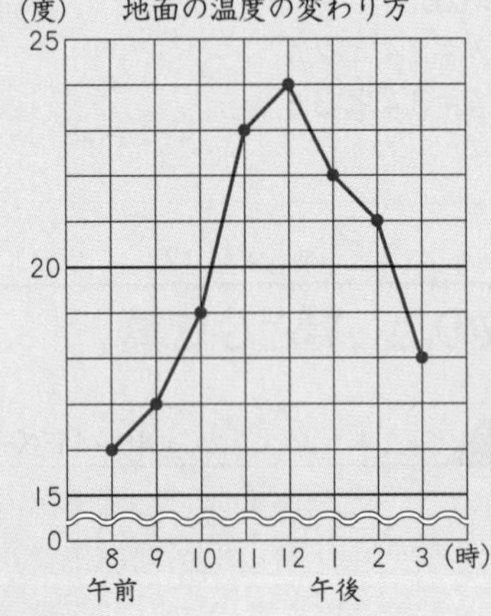

とき方

❶ グラフの波線は，0度と19度の間の目もりを省(しょう)りゃくして，グラフを見やすくしています。

(6)気温の上がり方がいちばん大きいのは，午前6時から午前8時までの間と，午前10時から午前12時までの間で，3度上がっています。また，気温の下がり方がいちばん大きいのは，午後4時から午後6時までの間で，5度下がっています。よって，気温の変わり方がいちばん大きいのは，午後4時から午後6時までの間といえます。

ここに注意 気温の変わり方を表す折(お)れ線(せん)グラフで，線が右に上がっているところは気温が上がっていることを表し，線が右に下がっているところは気温が下がっていることを表しています。さらに，線のかたむきが急なところほど，気温の変わり方(上がり方・下がり方)が大きいことを表します。

❷ ①と②はどちらも線が右に上がっているので，ふえていることを表しています。さらに，①は線のかたむきがゆるやかで，②は線のかたむきが急であることから，それぞれのふえ方のちがいが読み取れます。

3 それぞれの時こくの温度を表す点をうち，点を順（じゅん）に直線でつなぎます。

ステップ2　48~49 ページ

1 (1)○　(2)×　(3)○　(4)×　(5)×

2 (1)

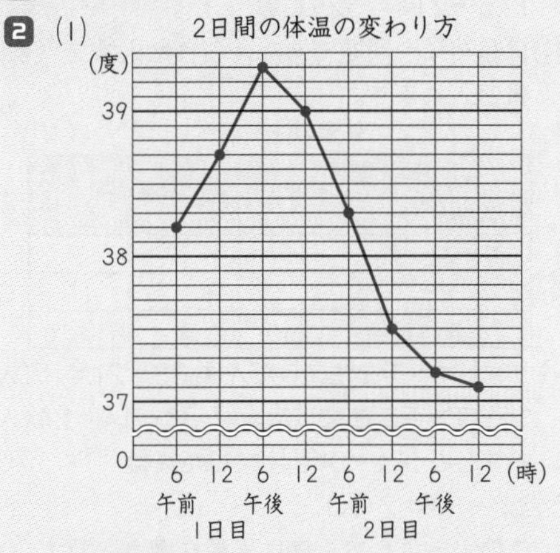

(2) 2日目の午前6時から午前12時までの間

3 (1)0.2kg

(2)

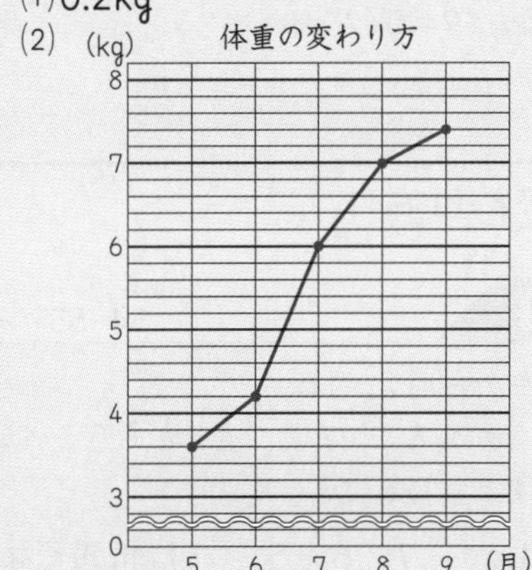

(3) 6月から7月までの間

4 ㋐40　㋑30　㋒20

とき方

1 ぼうグラフは，いくつかの種類（しゅるい）についてくらべるときなどに役に立ちます。
折れ線グラフは，１つの種類について変わり方のようすを調べるときなどに役に立ちます。

2 (2)体温の上がり方がいちばん大きいのは，１日目の午前12時から午後6時までの間で，0.6度上がっています。また，体温の下がり方がいちばん大きいのは，２日目の午前6時から午前12時までの間で，0.8度下がっています。よって，体温の変わり方がいちばん大きいのは，２日目の午前6時から午前12時までの間です。

3 (1)たてのじくの3kgから4kgまでに5つの目もりがあるので，
3kg → 3.2kg → 3.4kg → 3.6kg → 3.8kg → 4kgと１目もりごとに0.2kgずつふえます。

4 表から，いちばん高い気温といちばん低（ひく）い気温を見つけます。いちばん高い気温が36度で，いちばん低い気温が18度なので，これらの気温を表す点がうてるように，たてのじくの目もりをつけます。目もりを上から，35，30，25とつけると，36度や18度の点をうつことができないので，上から，40，30，20の目もりをつけます。

11 整理のしかた

ステップ1　50~51 ページ

1 (1)　けがをした場所とけがの種類（しゅるい）　(人)

場所＼種類	すりきず	打ぼく	つき指	ねんざ	切りきず	合計
運動場	1	1	1	1	2	6
ろうか	1	2	1	0	0	4
教室	2	0	0	0	1	3
体育館	2	0	1	1	1	5
合計	6	3	3	2	4	18

(2)運動場　(3)すりきず

2 (1)　かっているもの調べ　(人)

		ねこ		合計
		かっている	かっていない	
犬	かっている	1	3	4
	かっていない	1	2	3
合計		2	5	7

(2) 3人　(3) 2人　(4) 2人　(5) 5人

とき方

1 (2)運動場でのけがは6人で，いちばん多いです。
(3)すりきずは6人で，いちばん多いです。

> **ここに注意**　表に人数を書き入れたら，種類別（べつ）の合計と場所別の合計をそれぞれ求（もと）め，それらの和が同じになるかどうか，たしかめます。

2 (5)犬かねこをかっている人は，犬だけをかっている人と，ねこだけをかっている人と，犬とねこのどちらもかっている人をあわせた人数です。よって，3+1+1=5(人)
または，全体の人数から，犬もねこもかっていない人をのぞいた人数だから，7−2=5(人)と求めることもできます。

ステップ 2　52~53 ページ

1 (1) ほけん調べ　(人)

		めがね		合計
		かけている	かけていない	
虫歯	ある	8	12	20
	ない	3	10	13
合計		11	22	33

(2) 11 人　(3) 13 人

2 (1) 工作に使った材料(ざいりょう)調べ　(人)

		色紙		合計
		使った	使っていない	
毛糸	使った	18	8	26
	使っていない	9	4	13
合計		27	12	39

(2) 18 人　(3) 13 人　(4) 17 人　(5) 39 人

3 (1) 水族館の入場者数調べ　(人)

	男の人	女の人	合計
おとな	44	98	142
子ども	71	116	187
合計	115	214	329

(2) 44 人　(3) 214 人　(4) 329 人

4 (1) 昼食の注文調べ　(人)

飲み物＼おべん当	おすし	サンドイッチ	合計
ウーロン茶	19	5	24
ジュース	2	12	14
合計	21	17	38

(2) 5 人

とき方

2 (1)毛糸を使った人のうち，色紙を使った人は
26－8＝18(人)
色紙を使っていない人のうち，毛糸を使っていない人は 12－8＝4(人)
(4)色紙を使って毛糸を使っていない人数と，毛糸を使って色紙を使っていない人数をあわせると，9＋8＝17(人)
(5)毛糸を使った人数と使っていない人数をあわせると，26＋13＝39(人)
または，色紙を使った人数と使っていない人数をあわせると，27＋12＝39(人)

3 (1)おとなのうち，男の人は，142－98＝44(人)
男の人のうち，子どもは，115－44＝71(人)
子どものうち，女の人は，187－71＝116(人)
(3)98＋116＝214(人)
(4)おとなと子どもの人数をあわせると，
142＋187＝329(人)
または，男の人と女の人の人数をあわせると，
115＋214＝329(人)

4 (1)はじめに，問題であたえられた人数を，表に書き入れます。

昼食の注文調べ　(人)

飲み物＼おべん当	おすし	サンドイッチ	合計
ウーロン茶	19		
ジュース			14
合計	21		38

サンドイッチを注文した人は，38－21＝17(人)
ウーロン茶を注文した人は，38－14＝24(人)
おすしとジュースを注文した人は，
21－19＝2(人)
このようにして，表に人数を書き入れていきます。
(2)24－19＝5(人)

12 変わり方

ステップ 1　54~55 ページ

1 (1)(左から) 12，16
(2) 3 こから 4 こ…4 こ　4 こから 5 こ…4 こ
(3) 4 こ　(4) 36 こ

2 (1)(左から) 7，6，5　(2) 1 cm 短くなる。
(3)□＋○＝10(10－□＝○，10－○＝□でもよい)

3 (1)

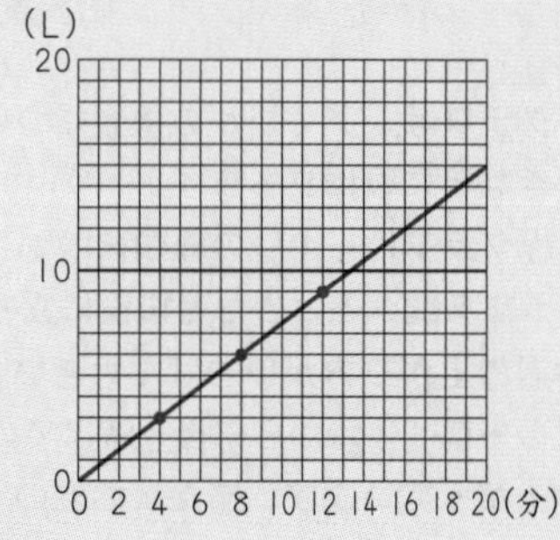

(2) 15L

とき方

1 (4) 1 辺(ぺん)を 6 こ→7 こ→8 こ→9 こ→10 ことふやしていくと，全部のこ数は 20 こ→24 こ→28 こ→32 こ→36 ことなります。

別のとき方 1辺のこ数が2こから10こまで，10−2=8(こ)ふえると，全部のこ数は，4×8=32(こ)ふえます。1辺のこ数が2このときの全部のこ数は4こなので，4+32=36(こ)

別のとき方 右の図のように，全部のこ数は(1辺のこ数−1)×4として求めることができます。これにあてはめて，

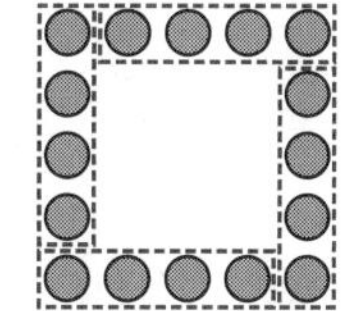

(10−1)×4=36(こ)

2 表をたてに見ていくと，1+9=10，2+8=10，……となり，□と○の和はどれも10になることがわかります。

3 (2)(1)でかいたグラフをまっすぐのばすと，20分で水は15Lになることがわかります。

ステップ2　56~57ページ

1 (1)15×□=○(○÷□=15，○÷15=□でもよい)
(2)450cm
(3)24だん

2 (1)(左から)15，12，9，6，3，0
(2)□+○=15(15−□=○，15−○=□でもよい)

3 ばねイ

4 (1)(左から)42，47
(2)□+27=○(○−□=27，○−27=□でもよい)
(3)20年後

5 (1)(左から)6，8，10
(2)12まい

とき方

1 (2)(1)の式から，15×30=450(cm)
(3)15×□=360より，□=360÷15=24(だん)

2 表をたてに見ていくと，□と○の和はどれも15になります。

3 それぞれのばねがもとの長さの何倍までのびるかをくらべます。
ばね**ア**は，45÷30=1.5(倍)
ばね**イ**は，24÷12=2(倍)
よって，ばね**イ**のほうが，よくのびるばねだといえます。

4 (1)かずおさんの年れいが5ふえると，お父さんの年れいも5ふえます。
(3)(2)の式より，お父さんが55才のとき，□+27=55，□=55−27=28となります。よって，かずおさんが28才になるのは，今から，28−8=20(年後)

5 (2)カードが1まいふえると，おはじきは2こふえるので，カードのまい数を4まい→5まい→6まい→…とふやしていくと，おはじきのこ数は次のように変わります。

4	5	6	7	8	9	10	11	12
10	12	14	16	18	20	22	24	26

よって，カードを12まいならべたとき，おはじきは26こならびます。

別のとき方 おはじきのこ数が10こから26こまで，26−10=16(こ)ふえると，カードのまい数は，16÷2=8(まい)ふえます。よって，おはじきが26このときのカードのまい数は，4+8=12(まい)

10～12 ステップ3　58~59ページ

1 (1)20こ　(2)4こ
(3)

		3でわる わり切れる	3でわる わり切れない	合計
5でわる	わり切れる	4	8	12
5でわる	わり切れない	16	32	48
合計		20	40	60

(4)32こ

2 (1)青…(左から)1，6，6，15
白…(左から)3，3，10，10
(2)青…66まい　白…78まい

3 (1)下の図
(2)4日と5日の間で，31cmふえた。
(3)下の図

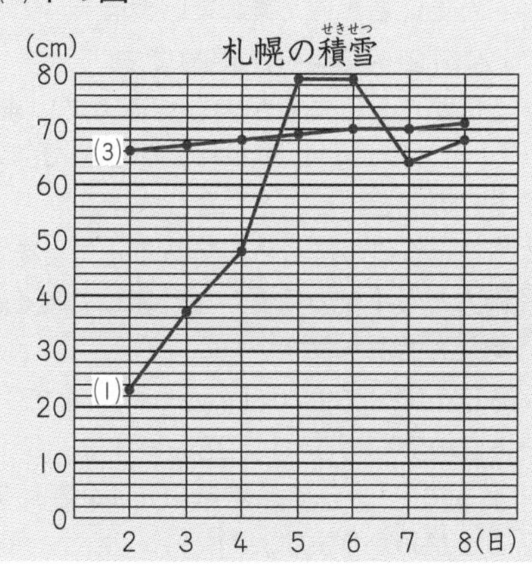

(4)例：2020 年の積雪量は2月5日と6日が多く，同じ深さですが，平年の積雪は，5日より6日のほうが多くなっています。よって，平年とくらべると5日のほうが多いと考えられます。
79÷69＝1.144…，小数第三位を四捨五入して 1.14 倍です。

5日で，平年の 1.14 倍

とき方

1 (1)60÷3＝20(こ)

(2)15，30，45，60 の4こあります。

(3)3でわり切れない整数は，60－20＝40(こ)
5でわり切れない整数は，60－12＝48(こ)
3でわり切れて5でわり切れない整数は，
20－4＝16(こ)
5でわり切れて3でわり切れない整数は，
12－4＝8(こ)

(4)3でも5でもわり切れない整数は，
40－8＝32(こ)　または，48－16＝32(こ)

2 (1)1番目に青の正方形が1まいあり，2番目に白の正方形を3まいというようにならべるから，2番目，4番目，6番目，…には白，3番目，5番目，7番目，…には青がふえることがわかります。
ふえるまい数は，(1辺のまい数)×2＋1となっています。
例えば4番目は，1辺のまい数3の正方形に，白の正方形を，3×2＋1＝7(まい)だけふやすことになります。

(2)12 番目までに，白のまい数は2番目，4番目，6番目，8番目，10 番目，12 番目にふえます。だから，白のまい数は，
3＋7＋11＋15＋19＋23＝78(まい)です。
また，12 番目の正方形は1辺に 12 まいならんでいるから，青のまい数は，
12×12－78＝66(まい)です。

3 (2)2日から5日までが大きくふえていますが，「1日の間に」と聞かれているので，4日と5日の間ということになります。

(4)5日と6日のどちらかであると見当をつけて，両方とも平年の何倍かを計算してみるという考え方もあります。
5日…79÷69＝1.144…→ 1.14 倍
6日…79÷70＝1.128…→ 1.13 倍
よって，「5日で，平年の 1.14 倍」であることがわかります。

13 角の大きさ

ステップ1　　60~61 ページ

1 (1)90　(2)180　(3)360

2 (1)70°　(2)150°　(3)50°　(4)140°

3 ㋐60°　㋑90°　㋒30°
㋓90°　㋔45°　㋕45°

4 (1)310°　(2)250°

5

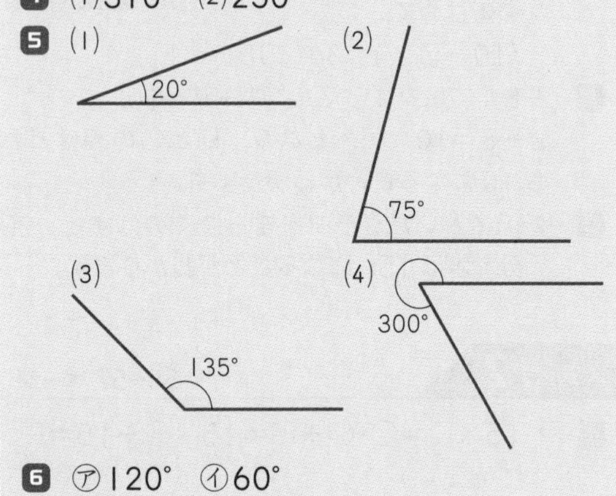

6 ㋐120°　㋑60°

とき方

1 (2)半回転は2直角です。

(3)1回転は4直角です。

3 三角じょうぎの角の大きさは，問題をとくときに使うことが多いので，覚えておきましょう。

4 (1)小さいほうの角度を分度器ではかると，50°です。1回転は 360°だから，
360°－50°＝310°

(2)小さいほうの角度をはかると，110°だから，
360°－110°＝250°

ここに注意　180°より大きい角のはかり方には，2つの方法があります。下の㋐の角度は，次の2つの方法のどちらでも求めることができます。

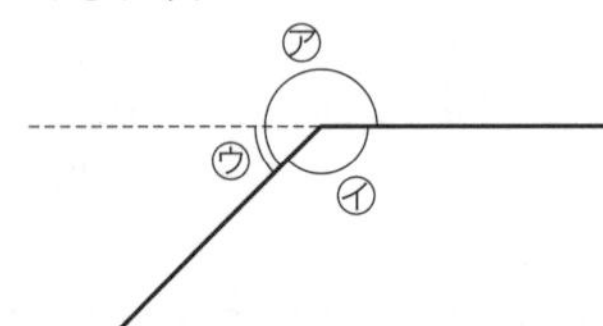

・㋑の角度をはかり，360°から㋑の角度をひいて求める。
・㋒の角度をはかり，180°に㋒の角度をたして求める。

5 (4)360°－300°＝60°より，60°をはかって，残りの角度が 300°と考えます。

6 ㋐180°－60°＝120°

㋑半回転の角 180° から，㋐の角度をひくと，
$180°-120°=60°$

ここに注意 2本の直線が交わってできる4つの角のうち，向かいあう角の大きさは等しくなります。

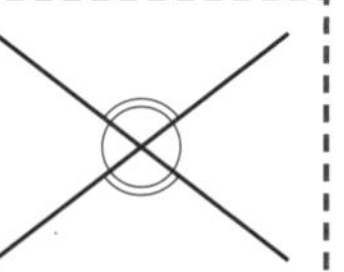

ステップ2

62~63 ページ

1 (1) 135° (2) 295°
2 (1)㋐30° (2)㋑130° ㋒50° (3)㋓325°
(4)㋔160° (5)㋕230° (6)㋖75°
3 (1)㋐180° (2)㋑135° ㋒75°
(3)㋓60° ㋔135° (4)㋕15°
(5)㋖75° (6)㋗15°
4 (1)270° (2)360°

とき方

1 (2)小さいほうの角度は 65° だから，
$360°-65°=295°$

2 (1)$90°-60°=30°$
(2)㋑の角度は，$180°-50°=130°$
向かいあう角の大きさは等しいから，㋒の角度は 50°
(3)$360°-35°=325°$
(4)$180°-20°=160°$
(5)$360°-130°=230°$
(6)$180°-135°=45°$
120° と向かいあう角は 45°+㋖だから，
㋖は，$120°-45°=75°$

3 2つの三角じょうぎの角度は，一方が 90°，45°，45° で，もう一方が 90°，30°，60° です。これらの角度を使って，次のように計算して求めます。
(1)$90°+90°=180°$
(2)㋑$90°+45°=135°$
㋒$30°+45°=75°$
(3)㋓$90°-30°=60°$
㋔$180°-45°=135°$
(4)$45°-30°=15°$
(5)三角形の3つの角の和は 180° です。
㋖をふくむ三角形の残り2つの角は，
90° と $60°-45°=15°$ だから，
㋖は，$180°-90°-15°=75°$
(6)㋗をふくむ三角形の残り2つの角は，
45° と $180°-60°=120°$ だから，
㋗は，$180°-45°-120°=15°$

4 (1)小さいほうの角の大きさは 90° だから，大きいほうの角の大きさは，
$360°-90°=270°$

(2)長いはりは，1時間に1回転するから，1時間に 360° まわります。

14 垂直と平行

ステップ1

64~65 ページ

1 垂直（すいちょく），平行
2 ウ，エ，カ
3 アとウ，イとエ，オとキ
4 (1)

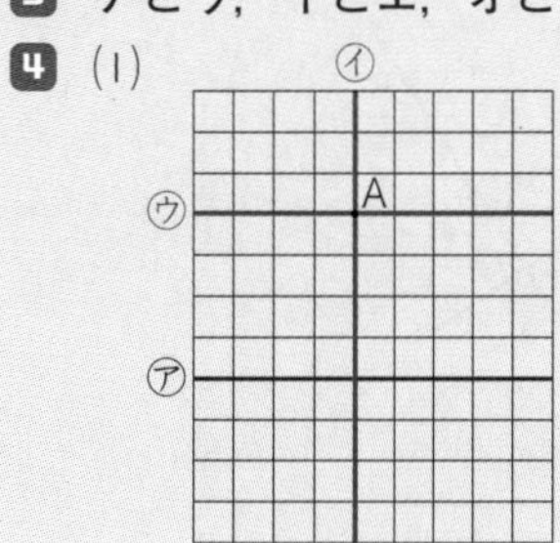

(2)

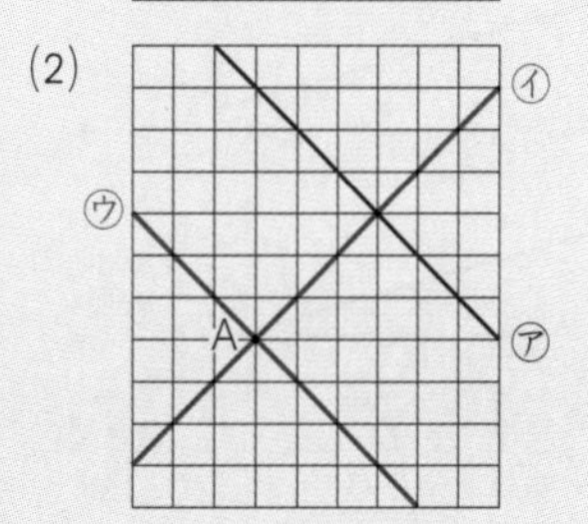

5 (1)いえる (2) 3cm (3) 3cm

とき方

1 直線㋐と直線㋑，直線㋐と直線㋒には垂直の記号がついています。

ここに注意 1本の直線に垂直な2本の直線は平行であるといえます。

2 直線**ア**と交わってできる角が直角になる直線をみつけます。直線**エ**をまっすぐにのばすと，直線**ア**と交わって直角ができるので，直線**エ**は直線**ア**と垂直になっているといえます。

3 どこまでのばしても交わらない2本の直線は平行です。

4 (2)正方形の対角線と辺（へん）とは 45° で交わります。
よって，正方形の対角線を交わるようにひくと，$45°+45°=90°$ で交わります。

5 (1)直線アイと直線ウエは，直線㋖に垂直だから，平行であるといえます。

(2)(3)平行な直線㋕と㋖の長さ(はば)は，どこをはかっても等しくなります。直線アイも直線ウエも長さは等しく，これが直線㋕と㋖のはばを表しています。

ステップ2　66~67ページ

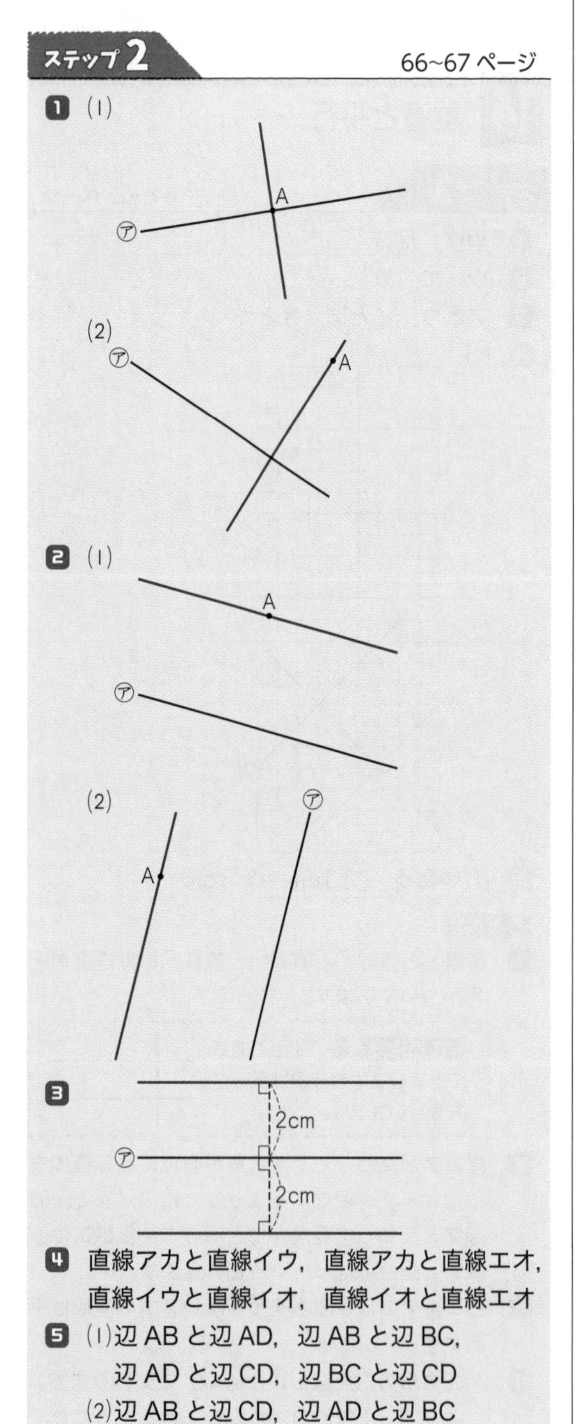

4 直線アカと直線イウ，直線アカと直線エオ，直線イウと直線イオ，直線イオと直線エオ

5 (1)辺ABと辺AD，辺ABと辺BC，辺ADと辺CD，辺BCと辺CD

(2)辺ABと辺CD，辺ADと辺BC

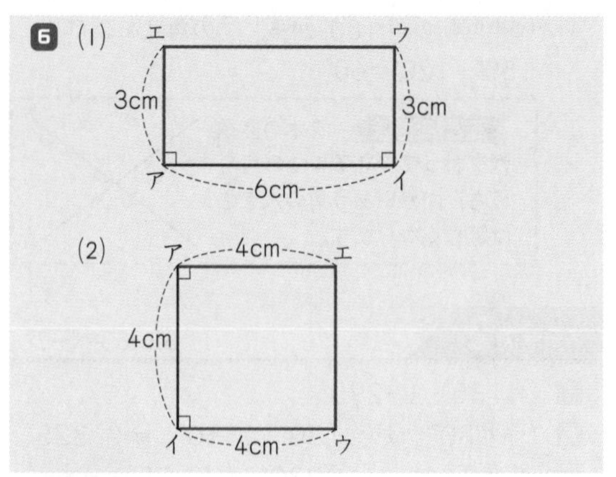

とき方

2 直線㋐と同じかたむき方の直線をかきます。

3 直線㋐とのはばが2cmとなるような平行な2本の直線をかきます。

6 (1)直線アイに垂直な直線アエと直線イウをかき，直線アイに平行な，直線アイから3cmはなれている直線エウをかきます。

(2)直線アイに垂直な直線アエと直線イウをかき，直線アイに平行な，直線アイから4cmはなれている直線エウをかきます。

15 四角形

ステップ1　68~69ページ

1 (1)長方形　(2)台形　(3)平行四辺形(へいこうしへんけい)
(4)ひし形　(5)辺，角

2 正方形…ウ　ひし形…エ，キ
平行四辺形…ア，ク　台形…イ，カ

3 (1)4cm　(2)6cm　(3)80°　(4)100°

4 (1)省(しょう)りゃく　(2)省りゃく

とき方

2 上から下へ，だんだんと特別(とくべつ)な四角形になっていくように四角形の種類(しゅるい)をならべると，次のようになります。

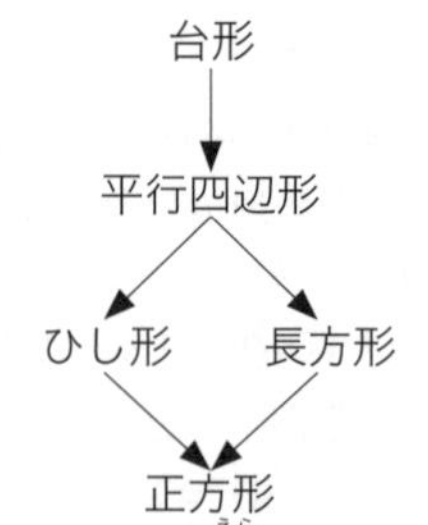

同じ記号は1回しか選(えら)べばないので，あてはま

る種類のうち，最も特別なもののところだけに記号を書きます。例えば，**ウ**はどれにもあてはまりますが，あてはまる中で最も特別な「正方形」のところでだけ選ぶことにします。

3 (1)平行四辺形の向かいあった辺の長さは等しいので，辺ADの長さは辺BCの長さと等しくなります。

(2)辺CDの長さは辺ABの長さと等しくなります。

(3)平行四辺形の向かいあった角の大きさは等しいので，角Dの大きさは角Bの大きさと等しくなります。

(4)角Bと角Cの大きさの和は180°なので，

180°−80°＝100°

> **ここに注意** (4)平行四辺形では，となりあった2つの角の大きさの和は180°になります。

4 (1)まず，分度器とじょうぎを使って，頂点A，B，Cをかきます。

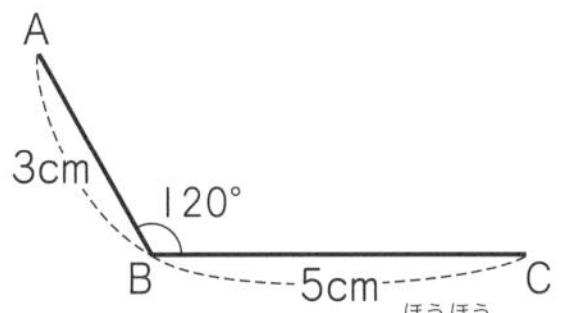

次に，①，②のどちらかの方法で，頂点Dを決めます。

①コンパスを使って，頂点Aを中心とする半径5cmの円をかき，頂点Cを中心とする半径3cmの円をかいて，それらの交点をDとする。

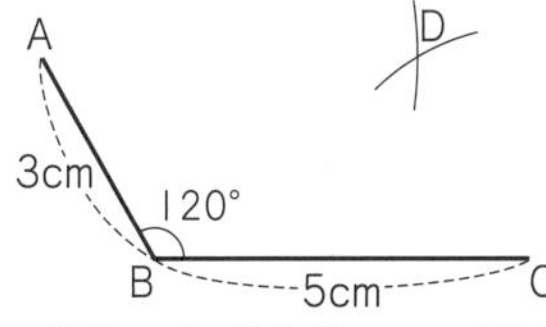

②１組の三角じょうぎを使って，頂点Aを通り辺BCに平行な直線をひき，頂点Cを通り辺ABに平行な直線をひいて，それらの交点をDとする。

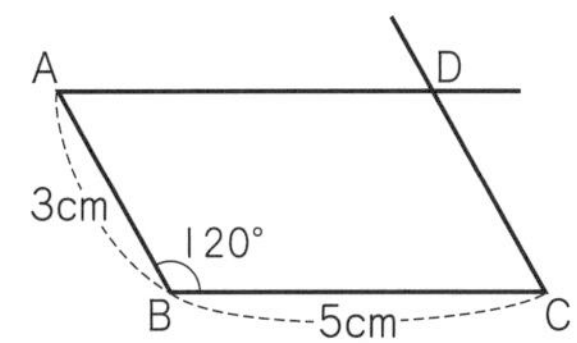

(2)ひし形の4つの辺の長さはすべて等しいので，辺AD，辺BC，辺CDの長さはいずれも3cmです。(1)と同じように，頂点A，B，Cをかいてから，頂点Dを決めます。

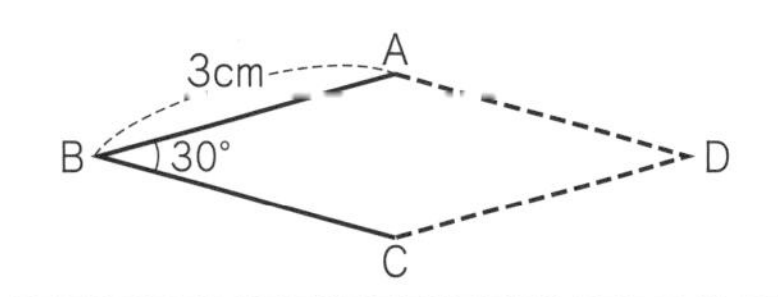

> **ここに注意** １組の三角じょうぎを使って，次のように，１つを固定して，もう１つを矢印のように動かすことで，直線アイと平行な直線ウエをひくことができます。

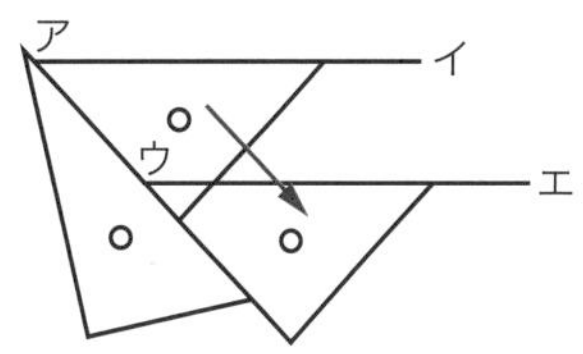

ステップ2 70~71ページ

1 (1)平行四辺形，ひし形，長方形，正方形
(2)ひし形，正方形 (3)長方形，正方形
(4)ひし形，正方形
(5)平行四辺形，ひし形，長方形，正方形

2 (1)辺CD (2)角Aと角C，角Bと角D

3 (1)ひし形 (2)長方形 (3)正方形
(4)平行四辺形

4 (1)ひし形 (2)正方形

5

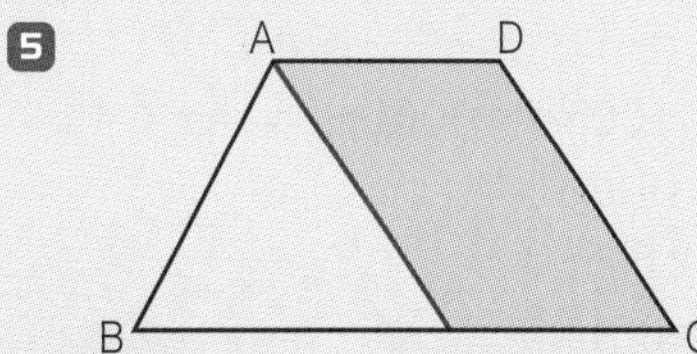

とき方

1 あてはまる四角形をすべて答えるので，例えば「ひし形」は，(1)(2)(4)(5)にあてはまります。

> **ここに注意** 四角形の向かいあった頂点を結んだ直線を対角線といい，四角形の対角線は2本あります。長方形の2本の対角線は同じ長さであり，ひし形の2本の対角線は垂直に交わります。正方形の2本の対角線は同じ長さで，垂直に交わります。

3 (1)2本の対角線がそれぞれのまん中の点で垂直に交わるので，ひし形になります。

(2)2本の対角線の長さが同じで，それぞれのまん中の点で交わるので，長方形になります。

(3)2本の対角線の長さが同じで，それぞれのまん中の点で垂直に交わるので，正方形になります。

(4)2本の対角線がそれぞれのまん中の点で交わるので，平行四辺形になります。

4 (1)切り取った紙を広げると，2本の対角線がそれぞれのまん中の点で垂直に交わる四角形ができるので，ひし形です。
(2)切り取った紙を広げると，(1)に加(くわ)えて2本の対角線の長さが等しくなるので，ひし形の中でも特別な正方形になります。

5 辺 AD と辺 BC が平行であることを利用(りよう)します。1組の三角じょうぎを使って，頂点Aを通り辺 CD に平行な直線をひきます。

16 四角形の面積

ステップ1　72~73 ページ

1 (1)cm^2　(2)m^2　(3)km^2　(4)a　(5)ha
2 (1)36cm^2　(2)21cm^2　(3)80m^2
(4)25km^2
3 (1)10000　(2)1000000
(3)100　(4)10000
4 (1)18000cm^2　(2)9m^2　(3)6000000m^2
(4)25a　(5)60ha

とき方

1 (4)$10m \times 10m = 100m^2 = 1a$ です。
(5)$100m \times 100m = 10000m^2 = 1ha$ です。

2 (1)$6 \times 6 = 36(cm^2)$
(2)$3 \times 7 = 21(cm^2)$
(3)$10 \times 8 = 80(m^2)$
(4)$5 \times 5 = 25(km^2)$

3 (1)1m＝100cm より，$1m^2$ は，1辺(へん)が 100cm の正方形の面積(めんせき)です。
$100 \times 100 = 10000$ より，$1m^2 = 10000cm^2$
(2)1km＝1000m より，$1km^2$は，1辺が 1000m の正方形の面積です。
$1000 \times 1000 = 1000000$ より，
$1km^2 = 1000000m^2$
(3)1a は，1辺が 10m の正方形の面積だから，
$10 \times 10 = 100$ より，$1a = 100m^2$
(4)1ha は，1辺が 100m の正方形の面積だから，$100 \times 100 = 10000$ より，
$1ha = 10000m^2$

4 (1)2m＝200cm より，
$90 \times 200 = 18000(cm^2)$
(2)300cm＝3m より，$3 \times 3 = 9(m^2)$
(3)2km＝2000m，3km＝3000m より，
$2000 \times 3000 = 6000000(m^2)$
(4)$50 \times 50 = 2500(m^2)$　$1a = 100m^2$より，
$2500m^2 = 25a$
(5)1km＝1000m より，
$1000 \times 600 = 600000(m^2)$
$1ha = 10000m^2$より，$600000m^2 = 60ha$

ここに注意　面積を求(もと)めるときは，たてと横の長さの単位(たんい)をそろえてから，かけ算をします。a や ha の単位で面積を求めるときは，たてと横の長さの単位を m にそろえると，求めやすくなります。

ステップ2　74~75 ページ

1 (1)m^2　(2)cm^2　(3)km^2　(4)m^2
2 75cm
3 400cm^2
4 (1)36cm^2　(2)52m^2
5 (1)54ha　(2)675m
6 1740cm^2
7 12a

とき方

1 その面積にふくまれる長さを最(もっと)もかんたんな数で表せる単位に注目します。

2 (長方形の面積)＝(たて)×(横)より，横の長さは，(長方形の面積)÷(たて)で求められます。
$4500 \div 60 = 75(cm)$

3 正方形の4つの辺の長さはすべて同じなので，まわりの長さが 80cm の正方形の1辺の長さは，$80 \div 4 = 20(cm)$ です。よって，面積は，
$20 \times 20 = 400(cm^2)$

4 (1)次のように，2つの長方形に分けると，
$(6-2) \times 4 + 2 \times 10 = 36(cm^2)$

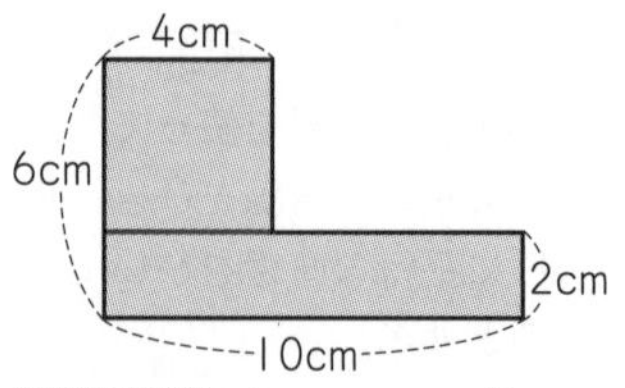

別のとき方　たて6cm，横 10cm の長方形から，へこんだところをひいて求めると，
$6 \times 10 - (6-2) \times (10-4) = 36(cm^2)$

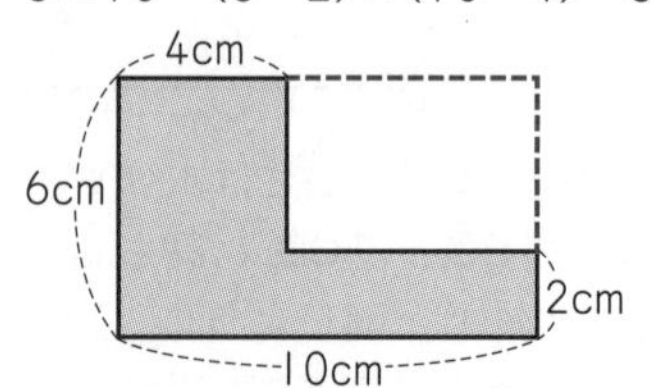

(2) 1辺が8mの正方形から，たて3m，横4mの長方形をのぞいたところの面積だから，
$8\times8-3\times4=52$ (m²)

5 (1) $900\times600=540000$ (m²)
1ha＝10000m²より，
540000m²＝54ha
(2) (たて)＝(長方形の面積)÷(横)より，
$540000\div800=675$ (m)

6 できた長方形の紙の横の長さは，
$30+30-2=58$ (cm)
よって，紙の面積は，
$30\times58=1740$ (cm²)
別のとき方 正方形の色紙の面積は
$30\times30=900$ (cm²)，のりしろの面積は
$30\times2=60$ (cm²)
よって，正方形2つの面積から，のりしろの面積をひけばよいから，
$900+900-60=1740$ (cm²)

7 道の面積は，たてと横に通る道の面積の和から，重なったところの面積をひいて求められるから，
$28\times3+3\times51-3\times3=228$ (m²)
よって，道をのぞいた畑の面積は，
$28\times51-228=1200$ (m²)
1200m²＝12a
別のとき方 下のように，道を畑のはしによせても，道の面積は変わりません。

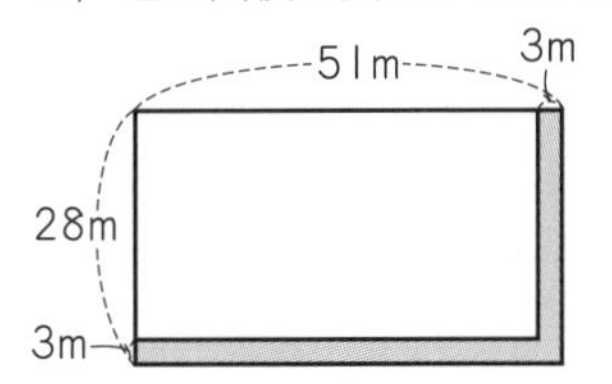

よって，畑の面積は，道をのぞいた長方形の面積と同じだから，
$(28-3)\times(51-3)=1200$ (m²)

17 直方体と立方体 ①

ステップ1　76~77ページ

1

	面の形	面の数(こ)	辺の数(本)	頂点の数(こ)
直方体	長方形や正方形	6	12	8
立方体	正方形	6	12	8

2 イ，ウ，エ，カ

3

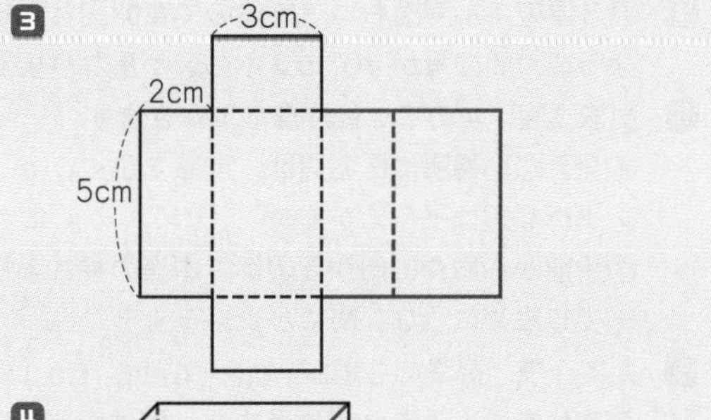

4

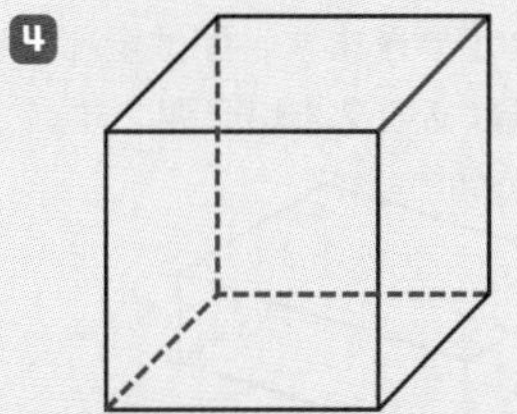

5 あつ紙の形…たて2cm，横4cmの長方形
(たて4cm，横2cmの長方形)
あつ紙のまい数…2まい

6 5cmの竹ひご…4本　6cmの竹ひご…4本
8cmの竹ひご…4本　ねん土玉…8こ

とき方

1 立方体は直方体の特別な場合です。面の数，辺の数，頂点の数は同じになります。

2 立方体のてん開図の中では，間の角が90°の2本の辺が重なります。
カ てん開図が立方体になるかどうかがわかりにくいときは，間の角が90°の2本の辺を重ねるように，つながっている辺を切りはなして，90°だけ回転させてみます。

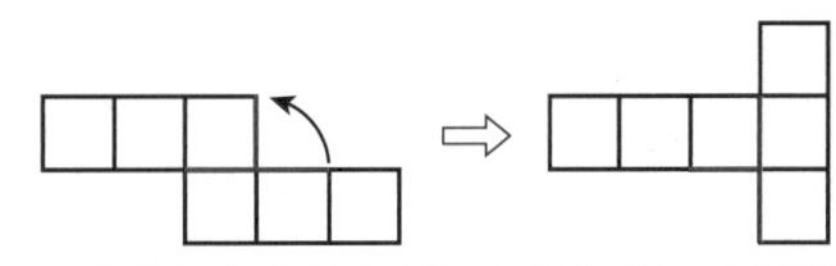

立方体になることがわかりやすいてん開図に変えることができれば，もとのてん開図も立方体にできることがわかります。

ここに注意 立方体のてん開図は，全部で11種類あります。

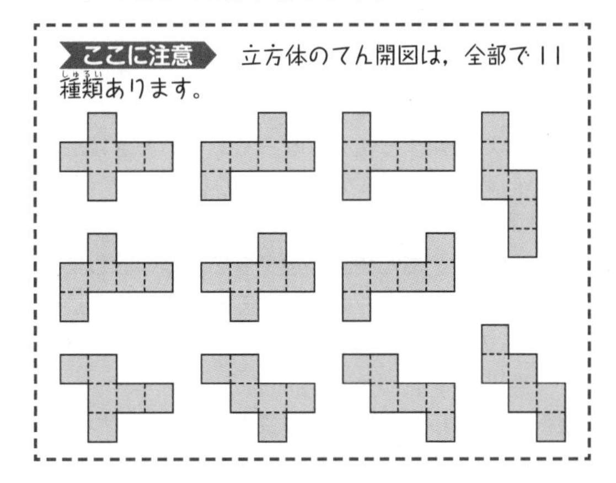

3 直方体のてん開図も，立方体のてん開図と同じように，間の角が 90° の2本の辺が重なります。

4 見取り図は次のことに注意してかきます。
①見えない場所にある辺は，点線でかく。
②平行な辺は平行にかく。
③手前からおくに向かう辺は，本当の長さより少し短めに，ななめにかく。

5 たて，横，高さの3辺が2cm，4cm，6cmの直方体をつくることができます。面は全部で6こですから，あつ紙はあと2まい必要です。

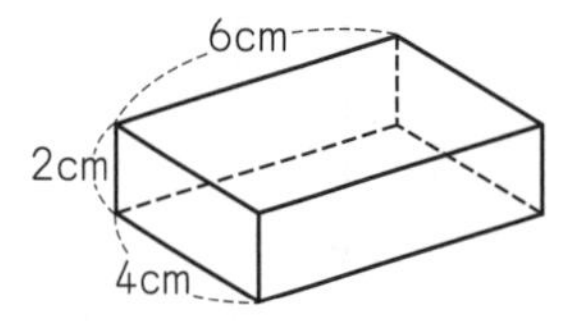

6 6つの面がすべて長方形の直方体では，同じ長さの辺(竹ひご)が4本ずつ3組あります。また，頂点(ねん土玉)は8こあります。

ステップ2　78~79ページ

1 (1)面ツ　(2)面テ　(3)点シ
(4)点ア，点オ　(5)辺クセ　(6)辺オエ

2 230cm

3 (まい)

	㋐のまい数	㋑のまい数	㋒のまい数	㋓のまい数
立方体	6	0	0	0
直方体	2	4	0	0
	2	0	0	4
	0	2	2	2

4 頂点イ(横5cm，たて0cm，高さ0cm)
頂点カ(横5cm，たて0cm，高さ3cm)
頂点キ(横5cm，たて4cm，高さ3cm)
頂点ク(横0cm，たて4cm，高さ3cm)

とき方

1 (1)(2)向かいあう面の間には面(長方形)が1つはさまります。
(3)(4)立方体・直方体のてん開図では，間の角が 90° の2本の辺が重なります。また，4つの面がまっすぐにならんでいるときは，その両はしの2本の辺が重なります。
(5)(6)間の角が 90° の辺クケと辺クセが重なります。てん開図の辺イウを切りはなして，辺ウエと辺ウシをつなげると，辺サシと辺オエの間の角が 90° になり，重なることがわかります。

2 箱のまわりのリボンの長さは，たて2つ分，横2つ分，高さ4つ分の長さの和だから，
25×2＋35×2＋20×4＝200(cm)
さらに，結び目に 30cm 使うので，リボンの長さは，200＋30＝230(cm)

3 ㋐を6まい使って，1辺が4cmの立方体がつくれます。また，直方体のたて，横，高さの3辺の長さは，(4cm，4cm，3cm)，(4cm，4cm，5cm)，(3cm，4cm，5cm)の3通りつくれます。

18 直方体と立方体 ②

ステップ1　80~81ページ

1 (1)面オ　(2)面ア　(3)面イ，面ウ，面エ，面オ

2 (1)面ウ　(2)面イ，面エ，面オ，面カ
(3)面ア，面イ，面ウ，面エ

3 (1)辺アエ，辺アオ　(2)辺イカ，辺アオ，辺エク
(3)辺アイ，辺エウ，辺イカ，辺ウキ

4 (1)いえる　(2)いえる
(3)辺アイ，辺アエ，辺イウ，辺ウエ
(4)辺アオ，辺イカ，辺ウキ，辺エク

とき方

1 直方体や立方体では，向かいあっている2つの面は必ず平行で，となりあっている2つの面は必ず垂直となります。

2 (3)面**オ**と面**ウ**は，となりあっています。
面**イ**と面**エ**はどちらも，面**オ**との間の角が 90° なので，となりあいます。
面**オ**と面**イ**の間の2辺をつなげると，面**オ**と面**ア**も，となりあうことがわかります。

3 直方体の面はすべて長方形または正方形ですから，交わる辺は必ず垂直です。

4 (1)(3)直方体の向かいあう面は平行だから，面㋘に向かいあう長方形の辺は，すべて面㋘に平行です。

ステップ2　82~83ページ

1 (1)立方体　(2)直方体　(3)直方体　(4)立方体

2 (1)

		5	
4	1	3	6
			2

(2) 2, 3, 4, 5

3 ひもとひも…平行　天じょうとひも…垂直

4 (1)面アオクエ

(2)辺アイ, 辺アエ, 辺オカ, 辺オク

(3)辺アエ, 辺オク, 辺カキ

(4)辺オカ, 辺オク, 辺カキ, 辺キク

(5)辺アオ, 辺エク, 辺イカ, 辺ウキ

(6)面イカキウ, 面オカキク

5 2つの三角じょうぎにはさんで, ピンを立てる。

とき方

2 立方体のてん開図で, 向かいあう面の間には, 面が1つはさまります。だから, 「3」の向かいは「1」の左, 「1」の向かいは「3」の右の面であるとわかります。

「3」と「2」の間の角が90°なので, 「3」と「2」はとなりあいます。これより, 「2」の向かいは「3」の上の面であることがわかります。

3 ひもは真下にぶら下がるので, 天じょうとひもは必ず垂直になります。

4 (6)辺アエは面アオクエと面アイウエの両方にふくまれます。ここで, 向かいあった面が平行であることに注意します。

5 1つの三角じょうぎの辺にそってピンを立てても, 三角じょうぎがななめになっていることがあります。そこで, 右の図のように, 2つの三角じょうぎが1つの面にならないようにそれぞれの直角部分をあわせておき, それぞれの辺にそってピンを立てると, ゆかに垂直になります。

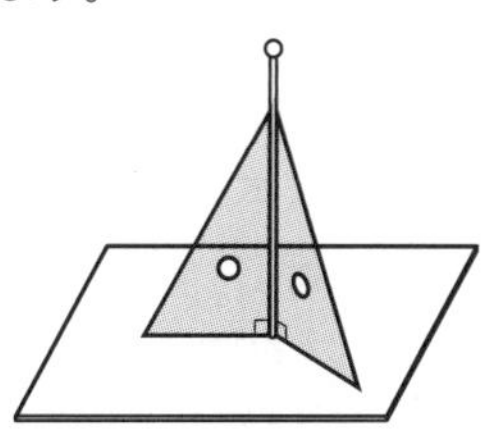

13~18 ステップ3　84~85ページ

1 (1)垂直(すいちょく)　(2)㋐80°　㋑130°

2 (求(もと)め方)

畑のたての長さは, 130−10=120(m)

面積(めんせき)は, 3(ha)=30000(m²)だから, 畑の横の長さは, 30000÷120=250(m)

求める道路のはばは,

(260−250)÷2=5(m)

(答え) 5m

3

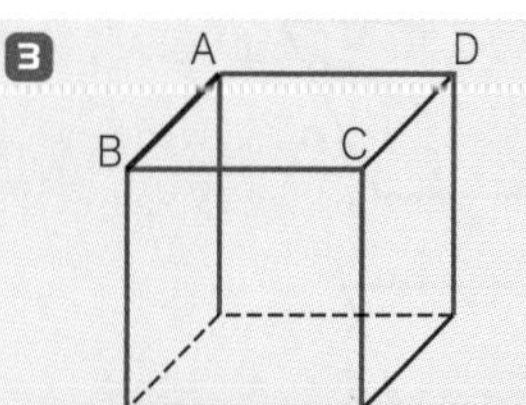

4

	㋐	㋑	㋒	㋓	㋔
(1)	○	○	×	○	○
(2)	○	○	×	×	×
(3)	×	×	○	○	○
(4)	×	×	×	×	×

とき方

1 (2)下の図で, 折(お)り返した角は等しいから, ㋒の角度は50°とわかります。㋐と㋒と50°の和が180°だから, ㋐の角度は,

180°−50°−50°=80°

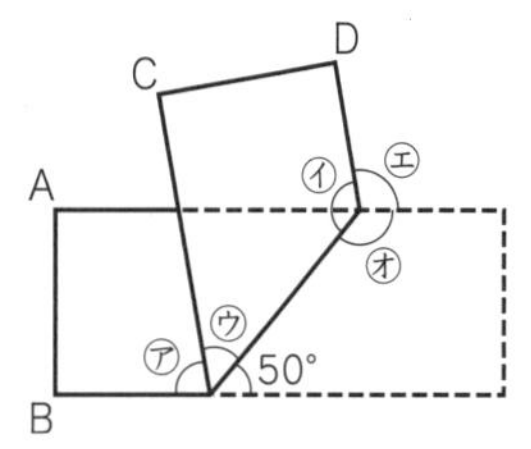

また, 平行な2組の直線がつくる角だから, ㋓の角度は, ㋒の角度と50°の和に等しくなるので, 50°+50°=100°

よって, ㋑, ㋓, ㋔の角度の和は360°で, ㋑と㋔の角度は等しいことから, ㋑の角度は,

(360°−100°)÷2=130°

3 下の図のように, E, F, G, Hと名前をつけます。

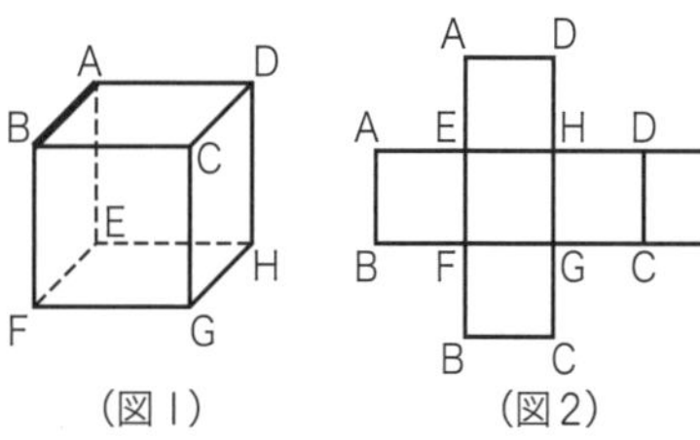

(図1)　(図2)

立方体のてん開図で, 4つの面がまっすぐにならんでいるときは, 両はしの辺(へん)が重なるので, 図2の左はしの辺がABです。さらに, CD, GH, FEには切れ目を入れません。面ABCDの向かいにある面EFGHの中で, EH, FGには切れ目を入れません。てん開図でつながっている辺は, CD, GH, FE, EH, FGの5つなので, それ以外(いがい)の辺に太線でかきこみます。

4 (3)次のように台形, 平行四辺形, ひし形をならべてできた四角形は, 向かいあう2組の辺が平行なので, 平行四辺形です。

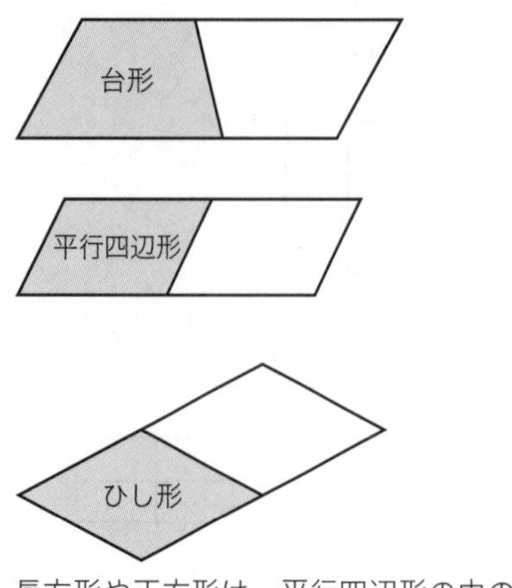

長方形や正方形は，平行四辺形の中の特別な場合です。
しかし，この問題では，「右の㋐～㋔の四角形について」と書いてあります。図の中で，「平行四辺形」を，㋐や㋑とは区別して，㋓のような，角が 90° ではないものとして表しています。そこで，⑶の答えでは，長方形ができる場合は×にしています。

19 植木算

ステップ 1　86~87 ページ

1 ⑴8 こ　⑵40m
2 ⑴11 本　⑵4m
3 ⑴20 こ　⑵80m
4 78m
5 26 本
6 5m
7 10m

とき方

1 ⑴木と木の間は，9－1＝8(こ)
⑵5×8＝40(m)

ここに注意　下の図のように，まっすぐに木を植えるとき，(木と木の間の数)＝(木の本数)－1となります。このとき，木のはしからはしまでの長さは，(木と木の間の長さ)×(木と木の間の数)を計算して求められます。

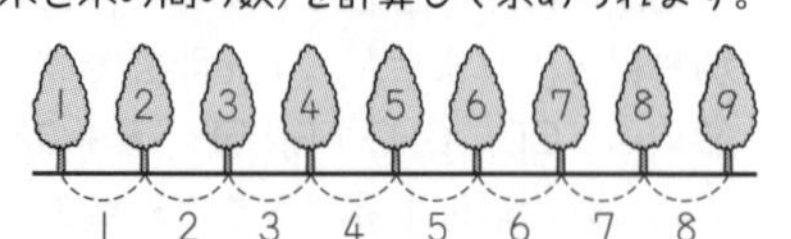

2 ⑴旗と旗の間の数は，60÷6＝10(か所)
(旗の本数)＝(旗と旗の間の数)＋1より，
旗の本数は，10＋1＝11(本)
⑵旗と旗の間の数は，16－1＝15(か所)だから，
旗と旗の間の長さは，60÷15＝4(m)

3 ⑴池のまわりなので，くいとくいの間の数は，くいの本数と同じになります。
⑵4×20＝80(m)

ここに注意　右の図のように，池のまわりにくいを打つとき，くいとくいの間の数はくいの本数と等しくなります。

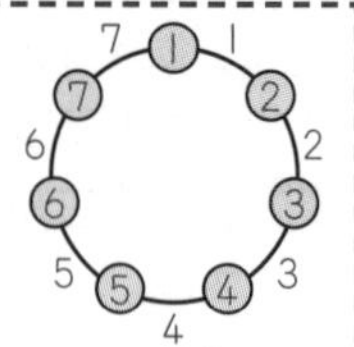

4 木と木の間の数は，14－1＝13(か所)だから，
道の長さは，6×13＝78(m)

5 コーンとコーンの間の数は，
200÷8＝25(か所)だから，コーンの本数は，
25＋1＝26(本)

6 木と木の間の数は，27－1＝26(か所)だから，
木と木の間は，130÷26＝5(m)

7 池のまわりなので，木と木の間の数は木の本数と同じく6か所です。木と木の間は，
60÷6＝10(m)

ステップ 2　88~89 ページ

1 34 本
2 200m
3 28 本
4 15m
5 112cm
6 33 秒
7 36.2m
8 2.95m
9 0.35m

とき方

1 間の数は，全部で 70÷2＝35(か所)
両はしには，くいではなく木が立っているので，
くいの数は，35＋1－2＝34(本)

2 電柱と電柱の間の数は，9－1＝8(か所)だから，
両はしの電柱の間の長さは，
25×8＝200(m)

3 くいとくいの間の数は，
たてが 30÷5＝6(か所)，横が 40÷5＝8(か所)
たても横もちょうど5mおきにくいを打つことができ，全部で6×2＋8×2＝28(か所)
土地のまわりにくいを打つので，くいの本数は，
間の数と同じ 28 本になります。

4 木は全部で2＋21＝23(本)なので，木と木の間の数は，23－1＝22(か所)
よって，木と木の間の長さは，330÷22＝15(m)

5 つなぎ目の数は，全部で 10－1＝9(か所)
テープは全部で 13×10＝130(cm) ですが，のりしろが2cmなので，つなぎ目1か所につき2cm短くなります。よって，できたテープの長さは，130－2×9＝112(cm)

6 4回の音を打つために9秒かかったということは，音と音の間は，4－1＝3(回)あります。これより，この柱時計が音を打ってから次の音を打つまでの時間は，9÷3＝3(秒)だとわかります。よって，12 時を打つのにかかる時間は，3×(12－1)＝33(秒)

7 ロープを 19 本結(むす)ぶとき，結び目は，19－1＝18(か所)あります。1つの結び目に使うロープの長さは，5×2＝10(cm)
10cm＝0.1mだから，結んでできたロープの長さは，2×19－0.1×18＝36.2(m)

8 池のまわりに 40 本のくいを打つので，くいとくいの間の数は全部で 40 か所あり，このうち，39 か所が3m，残(のこ)り1か所が1mになります。よって，池のまわりの長さは，
3×39＋1×1＝118(m)です。
くいとくいの間かくが全部等しくなるとき，くいとくいの間の長さは，118÷40＝2.95(m)

9 50cm＝0.5mより，間の長さは全部で，
8－0.5×9＝3.5(m)
間の数は全部で，9＋1＝10(か所)あるので，間の長さ1つ分は，3.5÷10＝0.35(m)

20 きまりをみつけてとく問題

ステップ1　90~91 ページ

1 (1)白　(2)白…27こ　黒…13こ
2 (1)黒　(2)白…41こ　黒…27こ　(3)40番目
3 (1)28こ　(2)16こ
4 (1)28こ　(2)13番目

とき方

1 (1) {○○●} の3つのならびをくり返しています。26÷3＝8あまり2より，{○○●} のならびを8回くり返し，2こあまります。よって，左から 26 番目のご石は，{○○●} の左から2番目のご石と同じ色で，○となります。
(2)40÷3＝13 あまり1より，{○○●} のならびを 13 回くり返し，○が1こあまります。
{○○●} のならびの中に，○は2こ，●は1こあるので，○のこ数は，2×13＋1＝27(こ)
●のこ数は，1×13＝13(こ)

ここに注意 ご石のならびから，何こごとに同じならびをくり返しているのかをみつけます。そのこ数で，全部のご石のこ数を，わって，同じならびが何回くり返されて，何こあまるかを求(もと)めます。

2 (1) {○●○○●} のならびをくり返しています。
47÷5＝9あまり2より，{○●○○●} のならびを9回くり返し，2こあまります。よって，左から 47 番目のご石は，{○●○○●} の左から2番目のご石と同じ色で，●となります。
(2)68÷5＝13 あまり3より，{○●○○●} のならびを 13 回くり返し，3こあまります。
あまりの3こは○●○です。
{○●○○●} のならびの中に，○は3こ，●は2こあるので，
○のこ数は，3×13＋2＝41(こ)
●のこ数は，2×13＋1＝27(こ)
(3) {○●○○●} のくり返しの中に，●は2こあるから，16÷2＝8より，{○●○○●} の5このならびを8回くり返します。よって，左から 16 番目の黒いご石は，全体では，5×8＝40(番目)

3 (1) 1辺(べん)のご石は8こで，4つの辺があるから，8×4＝32(こ)
このままでは，四すみの4このご石を2回ずつ数えているので，全部のご石の数は，32－4＝28(こ)
別のとき方 四すみのご石を2回数えないように，(1辺のご石の数 －1)×4＝(8－1)×4＝28(こ)
(2)60÷4＝15 より，1辺のご石の数は，15＋1＝16(こ)

ここに注意 右の図のように，ご石を正方形の形にならべるとき，全部のご石の数は，(1辺のご石の数－1)×4にあてはめて求められます。また，1辺のご石の数は，(全部のご石の数)÷4＋1にあてはめて求められます。

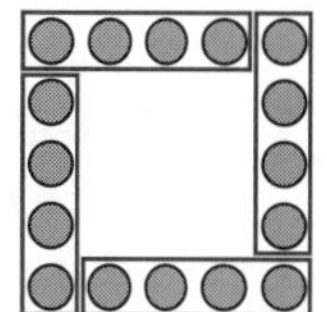

4 (1)□番目のご石の数は，□×4(こ)と表せるので，7番目のご石の数は，7×4＝28(こ)
(2)52÷4＝13より，13番目になります。

ステップ2　92~93ページ

1 白…27こ　黒…28こ
2 △
3 (1)72こ　(2)120こ
4 (1)19本　(2)17こ
5 (1)27こ　(2)17こ　(3)36こ

とき方

1 {○●●○} の4このならびをくり返しています。55÷4＝13あまり3より，{○●●○} のならびを13回くり返し，3こあまります。あまりは○●●です。
{○●●○} のならびの中に，○と●は2こずつあるので，○のこ数は，2×13＋1＝27(こ)
●のこ数は，2×13＋2＝28(こ)

2 {△□○△○} の5このならびをくり返しています。34÷5＝6あまり4より，
{△□○△○} のならびを6回くり返し，4こあまります。よって，左から34番目の記号は，{△□○△○} の左から4番目の記号と同じで，△となります。

3 (1)たて1列に6こならんだご石が12列あるから，ご石のこ数は全部で，
6×12＝72(こ)
(2)横にならんだご石の数は，
(42－8×2)÷2＋2＝15(こ)
よって，ご石のこ数は全部で，8×15＝120(こ)

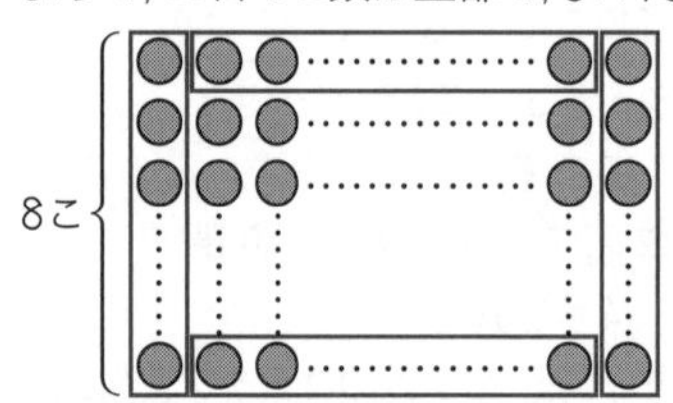

4 (1)はじめに3本の竹ひごで1つの正三角形ができて，竹ひごを2本ふやすごとに正三角形が1つふえます。よって，9この正三角形をつくるとき，はじめに3本の竹ひごをおいて，2本ずつ9－1＝8(回)ふやせばよいから，全部の本数は，3＋2×8＝19(本)
別のとき方　1つの正三角形をつくる竹ひごの本数は，3本です。正三角形9こ分で
3×9＝27(本)になりますが，このうち，
9－1＝8(本)の竹ひごは2回ずつ数えているから，27－8＝19(本)
(2)(1)と同じように考えて，35－3＝32，
32÷2＝16より，はじめに3本の竹ひごをおいて，2本ずつ16回ふやします。よって，正三角形は，16＋1＝17(こ)できます。

5 (1)外側(そとがわ)のまわりのご石を1回ずつ数えるように気をつけて，(10－1)×3＝27(こ)
(2)48÷3＋1＝17(こ)
(3)次の図のように，正三角形の形にならべたご石を2つ分ならべて，平行四辺形の形をつくります。
このとき，横1列に9このご石がならび，それが8列あるので，全部で，9×8＝72(こ)あります。
よって，正三角形の形1つ分のご石のこ数は，その半分の数だから，72÷2＝36(こ)

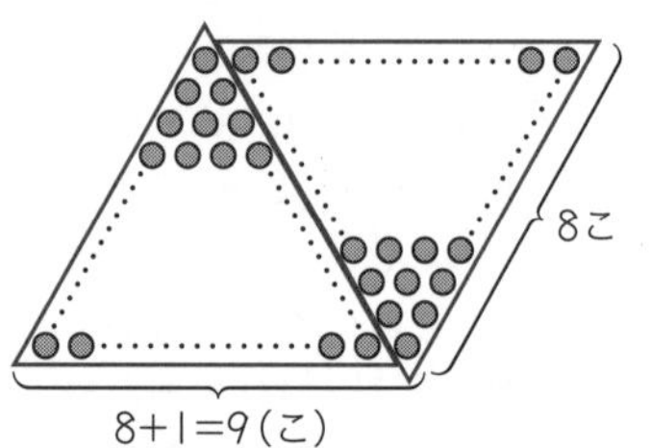

21 つるかめ算

ステップ1　94~95ページ

1 (1)㋐つるの足の数　㋑かめの足の数
㋐＋㋑全部の足の数(26本)
(2)① 2　② 20　③ 6
(3)つる…7ひき　かめ…3びき
2 つる…4ひき　かめ…5ひき
3 (1)① 40　② 120　③ 160
(2)10円玉…8まい　50円玉…4まい

とき方

1 (1)㋐(2本)×(つるの数)＝(つるの足の数)，
㋑(4本)×(かめの数)＝(かめの足の数)だから，
㋐＋㋑＝(つるとかめの全部の足の数)
(2)①つる1ぴきとかめ1ぴきの足の数の差(さ)は，
4－2＝2(本)
②10ぴき全部がつるであるならば，その足の数は，2×10＝20(本)
③全部の足の数は26本だから，残(のこ)りの足の数は，26－20＝6(本)
(3)(2)の図より，かめの数は6÷2＝3(びき)，
つるの数は10－3＝7(ひき)

ここに注意 全部がつるであると考えて，かめの数は，(26−2×10)÷(4−2)=3(ひき)と求められます。
また，全部がかめであると考えて，つるの数を，(4×10−26)÷(4−2)=7(ひき)と求めることもできます。

2 全部がつるであると考えて，かめの数は，
(28−2×9)÷(4−2)=5(ひき)
つるの数は9−5=4(ひき)

3 (1)① 10円玉1まいと50円玉1まいの金がくの差は，50−10=40(円)
② 全部が10円玉であるならば，その金がくは，10×12=120(円)
③ 金がくの合計は280円だから，残りの金がくは，280−120=160(円)
(2)(1)の図より，50円玉のまい数は，
160÷40=4(まい)
10円玉のまい数は，12−4=8(まい)
1つの式に表すと，50円玉のまい数は，
(280−10×12)÷(50−10)=4(まい)と求められます。

ステップ2 96~97ページ

1 (1) 1円玉…8まい　5円玉…7まい
(2) 5円玉…12まい　10円玉…6まい
(3) 10円玉…7まい　50円玉…13まい
2 5ページ…9日　8ページ…5日
3 クッキー…10こ　ゼリー…6こ
4 3人がけ…18きゃく　4人がけ…12きゃく
5 (1) 120点　(2) 14問

とき方

1 (1)全部が1円玉であると考えて，5円玉のまい数は，(43−1×15)÷(5−1)=7(まい)
1円玉のまい数は，15−7=8(まい)
(2)全部が5円玉であると考えて，10円玉のまい数は，(120−5×18)÷(10−5)=6(まい)
5円玉のまい数は，18−6=12(まい)
(3)全部が10円玉であると考えて，
50円玉のまい数は，
(720−10×20)÷(50−10)=13(まい)
10円玉のまい数は，20−13=7(まい)

2 1日に5ページずつ2週間(14日)読み続けたと考えて，8ページ読んだ日数は，
(85−5×14)÷(8−5)=5(日)
5ページ読んだ日数は，14−5=9(日)

3 1こ40円のクッキーを16こ買ったと考えると，1こ90円のゼリーのこ数は，
(940−40×16)÷(90−40)=6(こ)
クッキーのこ数は，16−6=10(こ)

4 3人がけのいすが30きゃくあると考えると，4人がけのいすの数は，
(102−3×30)÷(4−3)=12(きゃく)
3人がけのいすの数は，30−12=18(きゃく)

5 (1) 3問正かいして2問まちがえたから，点数は，
100+10×3−5×2=120(点)
(2) 20問全部まちがえたと考えると，点数は，
100−5×20=0(点)になります。
1問正かいしたときとまちがえたときの点数の差は，10+5=15(点)
よって，正答数は，(210−0)÷15=14(問)

22 過不足算

ステップ1 98~99ページ

1 (1)(上から) 16，2
(2) 14まい
(3) 子ども…7人　色紙…37まい
2 子ども…8人　あめ…49こ
3 (1)(上から) 18，10
(2) 28本
(3) 児童…28人　えん筆…74本
4 1このねだん…90円　金がく…650円

とき方

1 (2)線分図から，○人に3まいずつ配るときのまい数(3×○)まいと，5まいずつ配るときのまい数(5×○)まいの差は
16−2=14(まい)
(3) 1人に配るまい数の差は5−3=2(まい)だから，○人に配るときのまい数の差の合計は2×○(まい)と表せます。(2)より，
2×○=14だから，○=7(人)
色紙のまい数は，
3×7+16=37(まい)
または，5×7+2=37(まい)

2 1人に配るこ数の差は6−4=2(こ)で，全員に配るときのこ数の差の合計は，
17−1=16(こ)だから，子どもの人数は，
16÷2=8(人)
あめのこ数は，4×8+17=49(こ)
または，6×8+1=49(こ)

3 (2)線分図から，○人に2本ずつ配るときの本数(2×○)本と，3本ずつ配るときの本数(3×○)本の差は 18＋10＝28(本)

(3) 1人に配る本数の差は3－2＝1(本)だから，○人に配るときの本数の差の合計は1×○(本)と表せます。(2)より，1×○＝28 だから，○＝28(人)
えん筆の本数は，
2×28＋18＝74(本)
または，3×28－10＝74(本)

4 チョコレートのこ数の差は8－6＝2(こ)で，代金の差は 110＋70＝180(円)だから，チョコレート1このねだんは，180÷2＝90(円)
ひできさんが持っている金がくは，
90×6＋110＝650(円)
または，90×8－70＝650(円)

ステップ2　100~101 ページ

1 55こ
2 59まい
3 77人
4 人数…16人　ひ用…7300円
5 910cm
6 47さつ
7 赤…46本　青…23本
8 こ数…132こ　ねだん…78円

とき方

1 1人に配るこ数の差は3こで，
全員に配るときのこ数の差の合計は，
15こだから，友だちの人数は，
15÷3＝5(人)
クッキーのこ数は，8×5＋15＝55(こ)
または，(8＋3)×5＝55(こ)

2 1人に配るまい数の差は7－5＝2(まい)で，全員に配るときのまい数の差の合計は，
9＋11＝20(まい)だから，子どもの人数は，
20÷2＝10(人)
折(お)り紙のまい数は，5×10＋9＝59(まい)
または，7×10－11＝59(まい)

3 1きゃくにすわる人数の差は5－4＝1(人)
1きゃくに4人ずつすわるときは13人分のいすが不足(ふそく)し，5人ずつすわるときは3人分のいすがあまるので，すわる人数の差の合計は，
13＋3＝16(人)
いすの数を□きゃくとすると，すわる人数の差の合計は，5×□－4×□＝1×□(人)だから，
1×□＝16 より，□＝16(きゃく)
児童の数は，4×16＋13＝77(人)
または，5×16－3＝77(人)

ここに注意 □きゃくの長いすに4人ずつすわったときの人数と，5人ずつすわったときの人数の差5×□－4×□＝1×□(人)について考えます。
下の図のように，4×□(人)は児童の人数よりも13人少なく，5×□(人)は児童の人数よりも3人多いから，その差1×□は13＋3＝16(人)と等しいことがわかります。

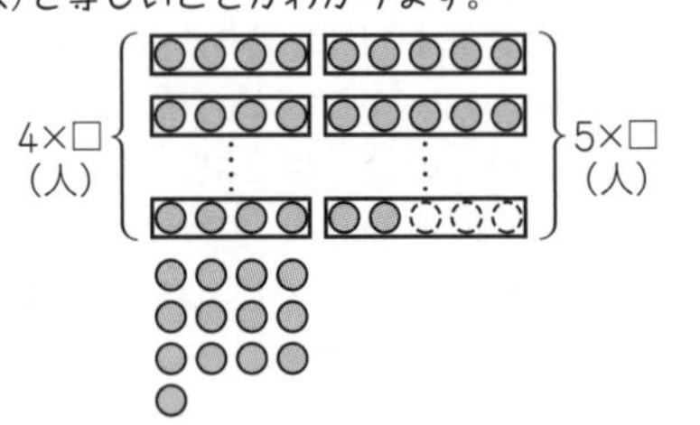

4 1人から集める金がくの差は
450－400＝50(円)で，
全員から集める金がくの差の合計は，
900－100＝800(円)だから，子ども会の人数は，800÷50＝16(人)
全部のひ用は，400×16＋900＝7300(円)
または，450×16＋100＝7300(円)

5 1人分の長さの差は 35－30＝5(cm)で，
全員に配るときの長さの差の合計は，
100＋35＝135(cm)だから，クラスの人数は，
135÷5＝27(人)
はり金全体の長さは，
30×27＋100＝910(cm)
または，35×27－35＝910(cm)

6 1人3さつずつ配ると，2×4＝8(さつ)あまり，1人4さつずつ配ると5さつ不足するということだから，全員に配るときのさっ数の差の合計は，8＋5＝13(さつ)
1人に配るさっ数の差は4－3＝1(さつ)だから，
子どもの人数は，13÷1＝13(人)
ノートのさっ数は，3×13＋8＝47(さつ)
または，4×13－5＝47(さつ)

7 赤のえん筆の本数は青のえん筆の本数の2倍だから，赤のえん筆2本をまとめて1本とみると，赤の本数と青の本数は同じになります。
同じ本数のえん筆を2本ずつ配ると3本あまり，3本ずつ配ると7本不足するということだから，
1人に配る本数の差は3－2＝1(本)
全員に配るときの本数の差の合計は，

3＋7＝10(本)だから，
児童の人数は 10÷1＝10(人)
赤のえん筆の本来の本数は，
4×10＋6＝46(本)
青のえん筆の本数は，3×10－7＝23(本)
または，赤のえん筆の半分だから，
46÷2＝23(本)

8 1このねだんの差は 82－75＝7(円)
全部売ったときのねだん差の合計は，
396＋528＝924(円)だから，
はじめに仕入れた商品のこ数は，
924÷7＝132(こ)
仕入れた商品のねだんの合計は，
75×132＋396＝10296(円)
または，82×132－528＝10296(円)
よって，1このねだんは 10296÷132＝78(円)

23 年れい算

ステップ1　102~103 ページ

1 (1)(左から)30，30
(2)20 年後
(3)(左から)15，30
(4)5年後
2 (1)5年後　(2)3年前
3 (1)12 年後　(2)3年後　(3)18 年後

とき方

1 (1)お父さんとみさきさんの年れいの差は，何年後でも，40－10＝30(才)だから，線分図の点線部分の長さは 30 才です。お父さんの年れい(40＋○)才が，みさきさんの年れい(10＋○)才の2倍になるから，(10＋○)才も 30 才になります。
(2)(1)の線分図より，○年後のみさきさんの年れいが 30 才だから，10＋○＝30 より，
○＝30－10＝20(年後)
(3)(1)と同じく，線分図の点線部分の長さは 30 才です。
お父さんの年れい(40＋△)才が，みさきさんの年れい(10＋△)才の3倍になるから，
(10＋△)才は，30÷2＝15(才)
(4)(3)の線分図より，△年後のみさきさんの年れいが 15 才だから，10＋△＝15 より，
△＝15－10＝5(年後)

ここに注意 線分図を見ると，親の年れいが子の年れいの□倍のとき，
親と子の年れいの差 ＝ 子の年れい ×(□－1)
となっていることがわかります。
このことから，
(1)のみさきさんの年れいは，
(40－10)÷(2－1)＝30(才)
(3)のみさきさんの年れいは，
(40－10)÷(3－1)＝15(才)
という計算で求めることもできます。

2 (1)3倍になるときの，こうたさんの年れいは，
(43－11)÷(3－1)＝16(才)
よって，3倍になるのは，
今から 16－11＝5(年後)
(2)5倍だったときの，こうたさんの年れいは，
(43－11)÷(5－1)＝8(才)
よって，5倍だったのは，
今から 11－8＝3(年前)

3 (1)2倍になるときの，あやかさんの年れいは，
(32－10)÷(2－1)＝22(才)
よって，2倍になるのは，
今から 22－10＝12(年後)
(2)5倍になるときの，妹の年れいは，
(32－4)÷(5－1)＝7(才)
よって，5倍になるのは，
今から7－4＝3(年後)
(3)今のあやかさんと妹の年れいの和は，
10＋4＝14(才)
お母さんとの年れいの差は，
32－14＝18(才)
1年ごとに2－1＝1(才)ずつ差が小さくなります。よって，18÷1＝18(年後)

ステップ2　104~105 ページ

1 7日後
2 18 年前
3 31 才
4 45 才
5 28 才
6 19 分後
7 (1)78 才　(2)父…33 才　子ども…7才

とき方

1 ひできさんと弟の持っている金がくの差は，
1500－400＝1100(円)
ひできさんのお金が弟のお金の2倍になったときの弟のお金は，1100÷(2－1)＝1100(円)

このとき，ちょ金したお金は，
1100－400＝700(円)だから，
2倍になるのは，700÷100＝7(日後)

2 4倍だったときのかなこさんの年れいは，
(62－29)÷(4－1)＝11(才)
よって，4倍だったのは，29－11＝18(年前)

3 15年後の年れいと8年前の年れいの差は，
15＋8＝23(才)だから，8年前の年れいは，
23÷(2－1)＝23(才)になります。
よって，今の年れいは，23＋8＝31(才)

4 母と妹の年れいの差は36才だから，5倍になるときの妹の年れいは，
36÷(5－1)＝9(才)
よって，5倍になるのは，妹が生まれてから9年後なので，そのときの母の年れいは，
36＋9＝45(才)
または，9×5＝45(才)

5 姉の年れいが弟の年れいの2倍になるから，そのときの弟の年れいは，
(17－3)÷(2－1)＝14(才)
よって，2倍になるのは，今から14－3＝11(年後)なので，そのときの姉の年れいは，
17＋11＝28(才)

6 4倍になるときのBの水の量は，
(47－26)÷(4－1)＝7(L)だから，
4倍になるのは，(26－7)÷1＝19(分後)

7 (1)父も子どもも1年ごとに1才ずつ年をとるから，父と子どもの年れいの和は，1年ごとに2才ずつふえていきます。よって，
40＋2×19＝78(才)
(2)年れいの和が78才で，父の年れいが子どもの年れいの2倍だから，19年後の子どもの年れいは，78÷(2＋1)＝26(才)
よって，今の子どもの年れいは，
26－19＝7(才)
父の年れいは40－7＝33(才)

19～23
ステップ3
106～107ページ

1 (1)50 (2)12
2 5こ
3 長いす…18きゃく　人数…98人
4 (1)63cm (2)64まい
5 11才
6 道のり…1080m　目標(もくひょう)時間…14分

とき方

1 (1)5番目までのとなりあう2つの数の差(さ)をそれぞれ求(もと)めると，
2－1＝1，5－2＝3，10－5＝5，
17－10＝7　これらをならべると，
1，3，5，7となるので，5番目の数から，9，11，13，…と大きくなることがわかります。
よって，数のならびは，
1，2，5，10，17，26，37，50，…となり，8番目は50です。
(2)20回全部はずれたと考えると，持ち点は，
100－5×20＝0(点)になります。また，的(まと)に当たったときとはずれたときのとく点の差は，8＋5＝13(点)
よって，的に当たった回数は，
(156－0)÷13＝12(回)

2 りんごとみかんの代金の合計は，
2500－250＝2250(円)
全部みかんを買ったと考えると，代金は，
130×15＝1950(円)で，りんご1ことみかん1このねだんの差は，160－130＝30(円)
よって，りんごのこ数は，
(2250－1950)÷30＝10(こ)
みかんのこ数は，15－10＝5(こ)
したがって，りんごはみかんより，10－5＝5(こ)多くなります。

3 1きゃくにすわる人数の差は6－4＝2(人)
1きゃくに4人ずつすわるときは26人分のいすが不足(ふそく)し，6人ずつすわるときは10人分のいすがあまるので，すわる人数の差の合計は，
26＋10＝36(人)
いすの数を□きゃくとすると，すわる人数の差の合計は，
6×□－4×□＝2×□(人)だから，
2×□＝36より，□＝18(きゃく)
児童(じどう)の数は，4×18＋26＝98(人)
または，6×18－10＝98(人)
または，6×16＋2＝98(人)

4 (1)正三角形が1まいのとき，まわりの長さは，
$5\times3=15$(cm)
正三角形が1まいふえるとき，4cm，4cm，5cmがふえて，1cmがかくれます。
よって，正三角形が1まいふえるごとに，まわりの長さは，$4+4+5-1=12$(cm)ずつふえるので，正三角形を5まいならべたときのまわりの長さは，
$15+12\times(5-1)=63$(cm)
(2)(1)と同じように考えると，$771-15=756$，$756\div12=63$ より，正三角形のまい数は，
$63+1=64$(まい)

5 父と息子(むすこ)の年れいの合計は，1年に2才ずつふえるから，17年後には，
$50+2\times17=84$(才)になります。
17年後に父の年れいが息子の年れいの2倍になるから，17年後の息子の年れいは，
$84\div(2+1)=28$(才)になります。
よって，今の息子の年れいは $28-17=11$(才)

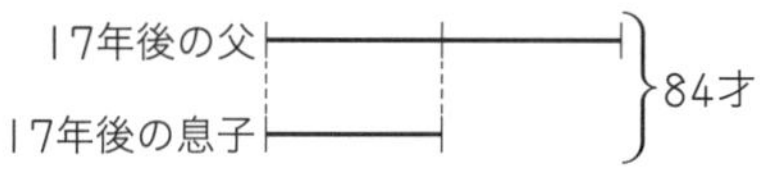

6 1分間に60mずつ歩くと目標時間よりも4分おそかったということは，$60\times4=240$(m)不足したということです。
1分間に120mずつ走ると目標時間よりも5分早かったということは，
$120\times5=600$(m)あまったということです。
1分あたりに進む道のりの差は
$120-60=60$(m)で，進む道のりの差の合計は，
$240+600=840$(m)
目標時間は，$840\div60=14$(分)
道のりは，$60\times14+240=1080$(m)
または，$120\times14-600=1080$(m)

そうふく習テスト① 108~109ページ

1 100でわった数…700万
2000万小さい数…6億(おく)8000万
2 33500人以上(いじょう)34500人未満(みまん)
3 7箱できて，36さつあまる
4 1.65km
5 ㋐135° ㋑105° ㋒120°
6 (1)$46cm^2$ (2)$56km^2$
7 (1)12本 (2)辺(へん)イカ，辺ウキ，辺エク
(3)辺アイ，辺エウ，辺オカ，辺クキ

とき方

1 10でわるとけたが1つ小さくなり，100でわるとけたが2つ小さくなります。
7億から2000万をひくときは，
7億＝6億10000万とみて，
$10000-2000=8000$であることを用いると，6億8000万であることがわかります。

2 百の位(くらい)を四捨五入(ししゃごにゅう)するので，実(じっ)さいの入場者数は，33500人から34499人までといえます。

3 $491\div65=7$あまり36より，7箱できて，36さつあまります。

4 $2.5-0.85=1.65$(km)

5 ㋐ $180°-45°=135°$
㋑ $60°+45°=105°$
㋒ $180°-60°=120°$

6 (1)左下の図1のように，2つの長方形に分けると，$7\times4+(7-4)\times(10-4)=46(cm^2)$
別のとき方 右下の図2のように，たて7cm，横10cmの長方形をかくと，
$7\times10-4\times(10-4)=46(cm^2)$

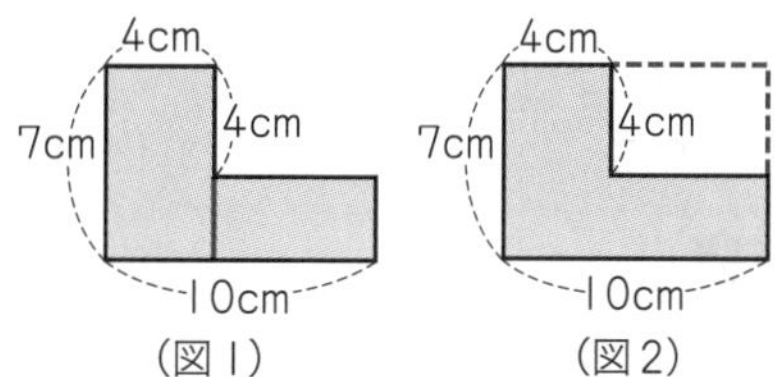

(図1) (図2)

(2)右の図のように，白い部分をはしによせても白い部分の面(めん)積(せき)は変(か)わりません。色のついた部分は，

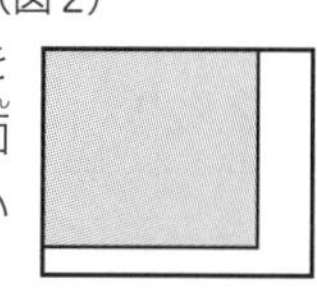

たてが$8-1=7$(km)，横が$10-2=8$(km)の長方形になるから，その面積は，
$7\times8=56(km^2)$

7 (2)(3)直方体の面はすべて長方形または正方形なので，交わる辺と辺，面と面，面と辺はすべて垂直(すいちょく)です。1つの面に垂直な直線はすべて平行です。

そうふく習テスト② 110~112ページ

1 26354，26435

2 5あまり28

3 約(やく)6.7m

4 $2\frac{2}{5}$時間

5 昼食の注文調べ （人）

	サンドイッチ	おにぎり	合計
子ども	9	17	26
おとな	5	4	9
合計	14	21	35

6 (1) ともこさんとお母さんの年れい

ともこさんの年れい(才)	10	15	20	25
お母さんの年れい(才)	43	48	53	58

(2)○－□＝33（○－33＝□，□＋33＝○でもよい）

(3)23年後

7 例(れい)：7×2＋2×2×2

8 (1)9a (2)37.5m

9 (1)15こ (2)□×3＝○ (3)15番目

とき方

1 26350以上(いじょう)26450未満(みまん)になるような整数をつくります。

2 27×14＋10＝388より，ある数は388です。よって，正しい答えを求(もと)めると，
388÷72＝5あまり28

3 4÷0.6＝6.66…より，はり金1kg分の長さは約6.7mになります。

4 $\frac{4}{5}+1\frac{3}{5}=1\frac{7}{5}=2\frac{2}{5}$（時間）

5 わかる人数を表に書きこんでいきます。
空らんになっているところは，たし算やひき算で求めていきます。
サンドイッチを注文した子どもは
14－5＝9(人)
おにぎりを注文した子どもは，
26－9＝17(人)

6 (2)お母さんの年れいと，ともこさんの年れいの差(さ)は，43－10＝33(才)
(3)(43－10)÷(2－1)＝33より，ともこさんが33才のとき，2倍になります。よって，今から，33－10＝23(年後)

8 (1)20×45＝900(m^2)
900m^2＝9a
(2)土地の面積(めんせき)の半分は，900÷2＝450(m^2)
よって，畑の横の長さは，
450÷12＝37.5(m)

9 (1)ご石の数は，1番目から3こ，6こ，9こ，12こと3こずつふえていくから，
5番目にならんでいるご石は，
12＋3＝15(こ)